国家地理
动物百科全书

ANIMAL ENCYCLOPEDIA

无脊椎动物

节肢动物·棘皮动物·半索动物

西班牙 Sol90 出版公司◎著

冯珣◎译

山西出版传媒集团　山西人民出版社

目录
CATALOGUE
ANIMAL ENCYCLOPEDIA

国家地理视角
适应性

空气和水

水蜘蛛（*Argyroneta aquatica*）能在水下自由地生活，但它们用肺呼吸。为了能够在水下用肺部呼吸，它们用网织出一个钟形的空气室，并把它们固定在水草上。这个空气室也是水蜘蛛的窝，雄性水蜘蛛会抛弃自己的空气室而去拜访雌性水蜘蛛。

稳定的生活

群居的印度尼西亚白斑海鞘（*Pycnoclavella diminuta*）通过过滤海水进食，它们通过口部的体管摄入海水。过滤过的海水从另一个出水口喷出，白斑海鞘也是因为这一动作而被人们熟知。成年后，它们定居在"故乡"度过余生。

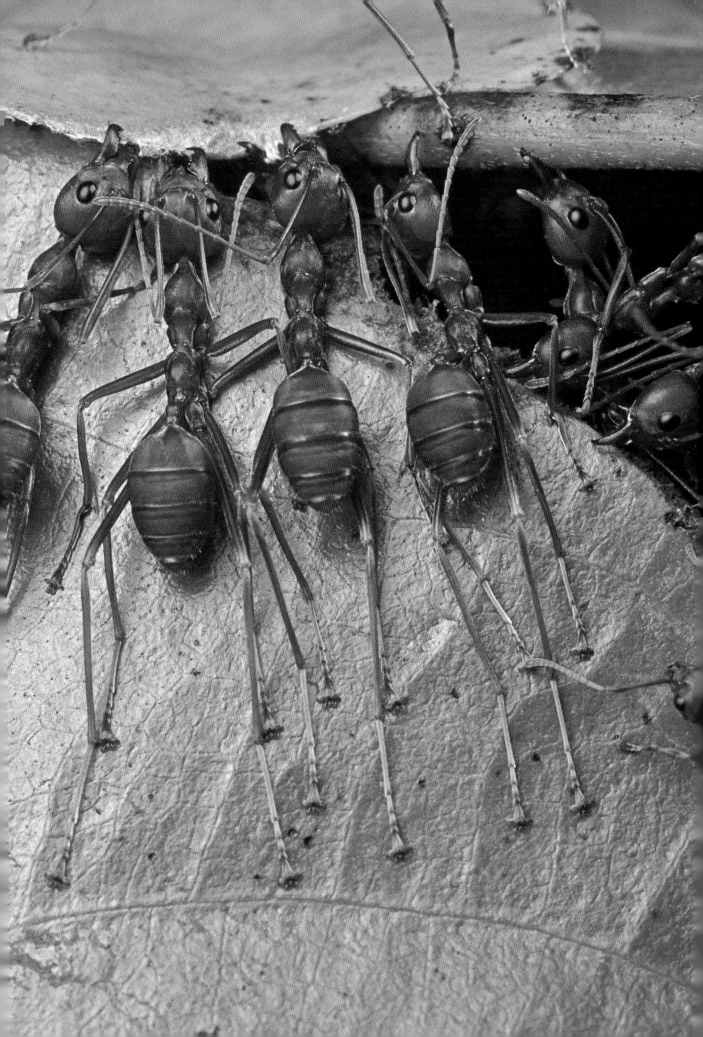

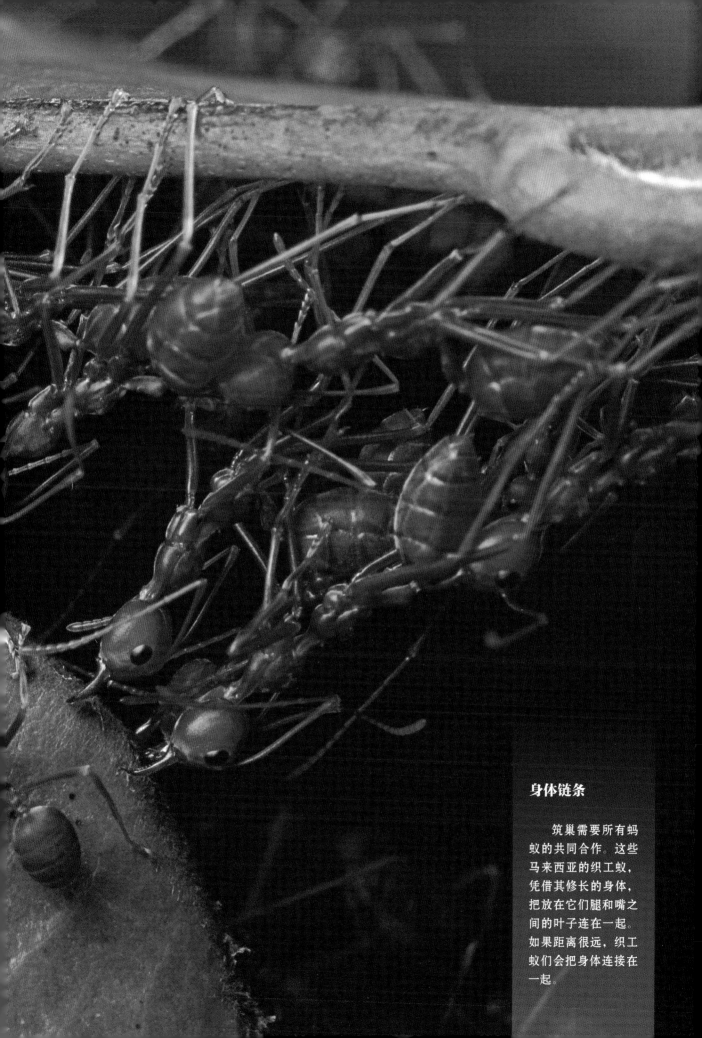

身体链条

筑巢需要所有蚂蚁的共同合作。这些马来西亚的织工蚁，凭借其修长的身体，把放在它们腿和嘴之间的叶子连在一起。如果距离很远，织工蚁们会把身体连接在一起。

节肢动物

　　节肢动物是地球上最成功的动物种群。它们的种类很多，适应性也很强，以至于征服了水、陆、空的生存环境，甚至在高海拔或深海等不适宜居住的环境中定居下来。蛛形纲动物、甲壳纲动物、昆虫以及其他生物共同组成了这个我们尚未知晓其全部成员的庞大的群体。

一般特征

　　节肢动物是一个非常成功的群体，它们的生活方式和生存环境十分多样。节肢动物门的动物种类占所有动物种类的85%，其中，87%的节肢动物都是昆虫。它们的身体分节，具有完整的外骨骼，因而它们的生长是通过蜕皮实现的。它们的附肢和身体一样，也是分节的，节与节通过关节连接，所以它们被称为节肢动物（即"有关节的足"）。

门：节肢动物门
纲：14
目：69
科：约2650
种：约123万

形态特征

　　它们的身体是分节的，分节根据其不同的生长规律各不相同，并且有的分节高度融合，形成一些功能单元，被称为体区。节肢化的过程中最显著的特征是体壁的分化，体壁会分化成变硬的区域和柔软的区域，内部肌肉附着在体壁上，在肌肉收缩时，会带动外骨骼的关节一起移动；外骨骼的转动性也很突出。拥有硬化的角质外壳也是节肢动物区别于别的动物门类的特征之一，同时这个特征也使节肢动物到海洋以外的环境生存成为可能。硬化的外骨骼由不同程度的鞣制和钙化的蛋白质，还有几丁质以及一个防水、防干燥的蜡层共同组成。每一个分节之间由一种相对柔软的结构连接，形成一种可伸屈的节间膜。它们可具备成对的分节附肢，不同族群的附肢具有多种专项功能。

　　节肢动物同环节动物在不同的身体结构上具有共同之处，毕竟从进化的角度看，节肢动物源自环节动物。它们的共有特征包括分节的身躯以及腹侧神经节的存在。然而，外骨骼和没有内部隔膜的小体腔的出现源于节肢动物，它们的循环系统是开放或者半封闭的（有的节肢动物有鳃），其心脏具有心孔，靠近背部，会将体腔内的血液（血淋巴）泵向整个身体内部，也就是血腔。

身体系统

　　它们具有一个专门的口器，口器由多个附肢组合形成。节肢动物的消化系统是完整的（具有口和肛门）。根据摄入的食物不同，其消化系统也各不相同。其消化系统从前往后的区域依次为前肠（吞咽、粉碎、储藏）、中肠（消化和吸收）以及后肠（水分吸收、形成粪便）。

　　排泄系统也很多样，有些节肢动物保留着和环节动物相似的系统结构，但

分节

身体的每个体节都由关节或骨片构成。每一个体节各有1对附肢，不同分类的节肢动物都有各自专门的附肢，具有不同的功能。

蜕皮或蜕壳

在节肢动物的生命周期中，它们会逐渐生长，身体会产生变化，因而必须更换外骨骼和所有覆盖在它们身体上的结构。这个过程包括细胞分裂、新的上表皮和原表皮的分泌、蜕皮液的激活、空气和水分的吸收（以便使身体膨胀，沿着蜕皮线挣破旧的外壳）以及新外壳的硬化。

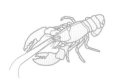

1 蜕皮前
将新的上表皮和原表皮贮存在旧的外骨骼之下。

2 蜕皮中
外骨骼沿着头胸部打开，渐渐从身体上剥离。

3 蜕皮后
旧的外骨骼被丢弃，里面柔软而脆弱的节肢动物开始伸展。

4 蜕皮结束
通过蛋白质的鞣制，新的角质层开始硬化。

只存在于寥寥几节中；也有的节肢动物形成了专门的排泄系统，比如马氏管，这种排泄系统能在排出尿酸（昆虫和多足纲节肢动物）和鸟嘌呤（蜘蛛）等固体废弃物的时候保持体内的水分。它们也具有成对的腺体，被称为触角腺或绿腺（甲壳纲）以及基节腺（螯肢亚门）。

节肢动物的呼吸系统也各不相同，它们的运行方式行之有效，和其生活的环境息息相关。水生的体积微小的节肢动物，如甲壳纲动物和海蜘蛛纲动物，气体的交换是通过体表或节间膜的区域实现的；而大型的甲壳纲动物具有一些较薄的表皮褶皱，其内侧浸润在血淋巴（鳃）中，这些褶皱的内侧可以是游离的，也可以生长在开放或封闭的腔室中。对肢口纲动物而言，上述功能（鳃片）是由后肢完成的。在陆地环境中，它们进化出了体壁的套叠结构，比如蛛形纲动物的书肺，这种结构也要依赖循环系统，以及气管（体现于六足节肢动物、多足纲节肢动物和高等蛛形纲动物）。

这种气管是一种管道系统，它从外骨骼开始生出分支，其分支能到达动物身体内的几乎所有细胞。这个系统不需要借助循环系统输送气体（气管被划分为更细小的微气管，这些微气管直接与细胞连通）。等足目动物是仅有的陆生甲壳纲动物，它们有和气管相似的结构，这种结构位于腹部的附肢中，被称为假气管。它们的神经系统由位于背部的脑及成对的、有神经节的腹侧神经索组成。它们具有明显的头向集中，也就是神经系统在动物身体的前段集中。它们具有专门的感官，比如复眼、化学感受器、机械感受器和光感受器等带有角质层的感受器。多样的感受器赋予节肢动物极为有效的探测入侵者的能力，使它们时刻处于最佳警戒状态。其肌肉组织由专门的肌肉组成。这种肌肉组织不会形成肌肉层，而是形成横纹肌，横纹肌能让体节和体区相互独立地运动

多产的大家族
节肢动物是动物中生物种类最多的门类，它们也征服了多样的生存环境。

（肌肉附着在外骨骼的内侧）。同时它们的附肢内部也具有肌肉，使附肢可以很大限度地自主地运动，这种结构同昆虫的翅膀也有相通之处。其内脏处是平滑肌。

体区

体区是依据功能划分的节肢动物的身体单元（是一种根据体节的功能进行的划分）。例如，可以分为头、胸、腹3部分，这是六足节肢动物（昆虫）的体区划分。有螯肢动物划分为前体部（头胸部）和腹部（某些物种有两个体区融合的趋势）。甲壳纲动物被划分为头部、胸部和尾节。

有螯肢动物
有螯肢动物的身体分为两个体区：前体部和腹部。

前体部　　　腹部
(中) 间体　后体部

甲壳纲动物
甲壳纲动物的身体分为3个体区：头部、胸部和尾节。

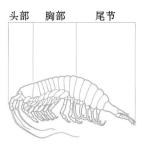

头部　　胸部　　尾节

昆虫
昆虫的身体分为3个体区：头部、胸部、腹部。

头部　　胸部　　腹部

重要性

节肢动物在自然生态环境的运转中发挥着重要作用，因为它们能够使营养物质循环利用（昆虫降解）。此外，它们负责为植物授粉，这是食物链中的一个基本环节。从人类中心论的观点来看，节肢动物里有有害生物，也有控制有害生物的生物，它们也是生物指标。它们能够被制造成产品（蜂蜜、蚕丝、活性物质等），具有审美性，它们也是人类的食物来源（甲壳纲等）。它们是传染性物质（病毒、细菌、寄生虫）的重要传播者，也会引发疾病（虱病、蝇蛆病等）。有些病状是由咬伤（头部附肢或攻击性末端引起的损伤）引起的，有的是因为蜇伤（附肢或某种特定结构，出于捕食或防卫的目的插入皮肤），也有的由皮肤接触引发。从医生和兽医的角度看，螨类中最需要重视的是引发疥疮和蜱病的螨，这不仅仅是因为它们是寄生虫（以吸血为食），而且这种寄生虫病会产生严重的后果。蜱虫的寄生会对人类和动物的健康产生严重的影响（它们能导致巨大的经济损失）。蜱虫会对寄主的血液、皮肤或者机体产生直接的负面影响（比如瘫痪、贫血、皮肤病甚至中毒等），还会将病原体（细菌、病毒、原生动物、真菌等）传播给人类和动物。其他有螯肢动物造成的中毒，众所周知的有蛛毒中毒（例如毒蛛属、斜蛛属和罗纳栉蛛属的物种）或者蝎毒中毒（例如刺尾蝎属和钳蝎属的物种）。引起医生重视的昆虫集中在膜翅目（蜜蜂、黄蜂、大黄蜂）、半翅目（蝽象）、双翅目（蚊、虻、蝇）、蚤目（跳蚤）、鳞翅目（刺毛虫）和虱类（羽虱）。多足纲节肢动物中，唇足亚纲动物（蜈蚣）则比较突出。

起源和进化

环节动物、节肢动物、缓步动物和有爪动物等无脊椎动物的门类间具有一些基本的相似性。它们具有亲缘关系，上溯后生动物的进化历程发现，在某个点它们应该有一个共同的祖先。

显然，它们共同的祖先应该能追溯到前寒武纪时期。对于这个祖先的类别，我们达成共识，认为它应该是环节动物，或者是具有环节动物特征的无脊椎动物。目前，节肢动物进化史体现为有争议的三种假说：认为它们是单源的、二源的或者多源的。这三种看法都拥有支持者，节肢动物现在是否构成一个单一门类（单源的），是否共有一个节肢动物类的祖先，还是源于两个（二源的）或更多的（多源的）亲缘种群，科学界无法统一意见。这里的亲缘种群指的是共有一些身体特征（特别是关节连接的足，这是一种趋同进化）的种群。

致命的毒素

在无脊椎动物中，节肢动物门中有毒的物种最多。这其中包括蛛形纲动物（蜘蛛和蝎子）和多足纲节肢动物（蜈蚣及其他）。在昆虫中，只有蜜蜂和黄蜂的家族能注射毒素，但它们这种行为是为了自卫；其他昆虫家族的成员能分泌酸性的刺激性物质。它们的毒素用于捕捉猎物，以及在入侵者面前保护自己。

螯针
在蝎子的身体末端，有一根中空的刺，这根刺和分泌毒素的腺体相连。少数种类的蝎子毒素对人类而言是致命的。

坚硬的外壳
甲壳纲动物，比如红石蟹（*Grapsus grapsus*），具有坚硬的钙化外骨骼，它们的外骨骼是节肢动物中最厚的。

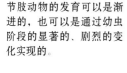

变态
节肢动物的发育可以是渐进的，也可以是通过幼虫阶段的显著的、剧烈的变化实现的。

占据陆地环境后，节肢动物的身体构造因为新环境而进行了更新，行为上也有了变化，它们的呼吸系统不再依靠水，变为了用气管呼吸。在陆地环境中，最重要的、必不可少的结构是体表的半防水的角质层，这个角质层对于防止其身体变干是必不可少的。

气体环境促进了翅膀的发育，这种结构是昆虫所特有的，在它们扩散、占领新领地的活动中，翅膀起着决定性的作用。在面对敌人时，昆虫可以借助翅膀快速逃走，也能凭借翅膀更好地寻找食物。昆虫面对各种环境选择的压力，其中包括维管束植物，它们推动着昆虫族群的多样化。昆虫的社会关系开始复杂化，繁殖的机制出现，比如昆虫的变态；新的物质也随之产生，比如丝。

占领陆地

节肢动物占领陆地环境意味着它们的生理和解剖结构必须做出必要的改变：当它们的生存环境从液体介质变为另一种非常不一样的气体介质时，它们就不得不努力维持身体内部的水分，也就是渗透调节。在新环境中，可支配的氧气量推动了空气呼吸的身体结构的发育（例如，气管有气孔或气门，气体通过这里进出）。在新的环境中，新的排泄废弃物（氮）的方式也开始占主导，即以尿素或尿酸的形式排出。大气环境并不是始终如一的，这迫使它们必须改变身体温度调节机制，改变感觉器官，甚至改变

所有和这些有关的生活习性，例如进食的习性（它们产生了为数众多的专门化的口器，以应对新环境的新食谱）。

行为

相比其他无脊椎动物，节肢动物的活动更复杂、更具有组织性。一个比较极端的例子是那些被称为"社会性昆虫"（例如蜜蜂、白蚁和蚂蚁等）的节肢动物。这些昆虫具有与其结构、生理和生命周期相关的不同寻常的特征，但其中最有趣的应该是它们复杂的行为。虽然先天行为或者本能行为（不需要通过学习或先期经验就能进行的行为；与生俱来的行为）支配着它们大部分的活动，但是学习能力也在

许多物种的生活中占据着重要的地位。许多昆虫，比如蜜蜂，从出生起就要执行各种各样的任务，它们要学习觅食的路线（采集花蜜和花粉）。某些研究把蜜蜂早已深入人心的奉献的、牺牲的、顽强的、有序的、有恒心的形象模糊化了。蜜蜂在个体层面的行为可以是混乱的（无序的），同时它们在集体层面的行为是同步的、周期性的（有序的）。数学模型展示出了蜜蜂的社会行为中一个令人吃惊的方面：当蜜蜂聚居地的活动处于有序和无序两极的动态平衡时，其社会组织性才得以产生和延续。

节肢动物化石

根据化石的记载，节肢动物出现在寒武纪时期。三叶虫（最具代表性的节肢动物化石）出现于 5.5 亿年以前，在其后的 3 亿年间，它们在海洋中大量存在。它们开发出非常多样的栖息地和生活方式。它们的身体结构分为三个体区：头部、胸腹部和尾节，其中胸腹部和尾节在分节（每个分节都具有一对附肢）的数量等方面并不统一。

古代遗迹
三叶虫代表着古生代特有的节肢动物中的一个群体，比如莫特卡三叶虫（*Modocia typicalis*），存在于寒武纪中期的美国境内。

蛛形纲动物

蜘蛛、螨、蜱、蝎子等动物构成了蛛形纲这一分类。它们的身体被分成两部分，拥有 6 对附肢，一般有 4 对用于行走。它们在数百万年以前就征服了陆地环境，有记载的蛛形纲动物种类超过 7 万种，至今它们中的大多数还在陆地上生活着。

一般特征

蛛形纲是一个古老的种群，隶属这一纲的动物种类多样、数量繁多。蛛形纲是螯肢亚门中动物数量最多的纲目。它们中的大多数是陆生、食肉性、掠食性动物，有少数拥有分泌毒液的腺体。它们的身体分为两个体区。它们有4对步足；1对身体前部的触肢，有感知和繁殖的功能。它们的眼睛属于单眼，视力佳。陆生的蛛形纲动物身体表面有蜡层、蜡层能防止动物身体变干，也能防止外界水分过多地进入身体。

门：	节肢动物门
纲：	蛛形纲
目：	11
种：	超过7万

古老的大家族
蛛形纲动物是首先登陆陆地环境的物种。如今，在无脊椎动物中，它们的物种数量位居第二，仅次于昆虫。

一般特征

蛛形纲包含蜘蛛、蝎子、螨等动物。它们的身体可以被划分为两个主要的体区：前体部和后体部。两个体区或者完全相连，或者通过一个肉茎相连。大多数蛛形动物的前体部是分节的。后体部长有附肢：4对足、1对脚须。在靠近口部的位置还有1对螯肢。它们的眼睛是单眼，成对排列。它们主要是肉食性动物。它们用螯肢和脚须捕捉猎物并把它们撕裂，然后将消化酶释放在猎物的组织上，进行体外消化。融化的食物被泵向口腔（通过咽部肌肉的作用或有吸力的胃），经过咽部进而到达盲肠。

在这里进行营养的吸收和体内的最终消化。残余物通过一个短短的直肠，由肛门排出，肛门位于身体的最后一个体节。

排泄

蛛形纲的排泄器官是基节腺（位于基节中，也就是附肢和头胸部连接的部位）和马氏管。马氏管负责将废弃物质排入肠道中段，肠壁上有一种细胞能积累废弃的氮，并随后将它们从消化孔排出。此外，体腔内还有特殊的细胞（肾原细胞），能汇集并积累废弃产品。最常见的排泄物是鸟嘌呤，也包括尿酸和黄嘌呤。这些都属于半固体排泄物。

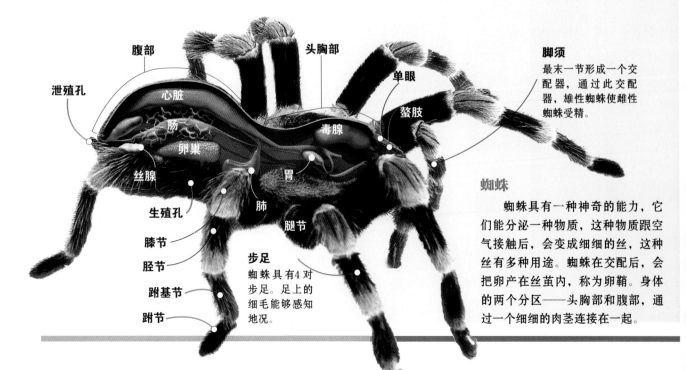

脚须
最末一节形成一个交配器，通过此交配器，雄性蜘蛛使雌性蜘蛛受精。

蜘蛛
蜘蛛具有一种神奇的能力，它们能分泌一种物质，这种物质跟空气接触后，会变成细细的丝，这种丝有多种用途。蜘蛛在交配后，会把卵产在丝茧内，称为卵鞘。身体的两个分区——头胸部和腹部，通过一个细细的肉茎连接在一起。

步足
蜘蛛具有4对步足。足上的细毛能够感知地况。

腹部　头胸部　单眼　螯肢
泄殖孔　心脏　肠　卵巢　毒腺
丝腺　胃
生殖孔　肺　腿节
膝节
胫节
跗基节
跗节

呼吸和循环

它们通过书肺呼吸：书肺由 1~4 对外皮的褶皱组成，一般认为它们是从附肢衍生出来的，位于腹部的中心部位。通过气孔或者气门与外界相通。

后来可能出现一种类似昆虫气管的系统，在第三节有 1~2 对气门。少数蛛形纲动物还能通过体壁呼吸（小型蛛形纲动物和某些螨类）。它们的心脏位于腹部。前端主动脉将淋巴液运送到头胸部，后端主动脉将淋巴液运送到腹部。心脏的每一段都会有一对腹动脉，它们将淋巴液输入组织中，进而从那里进入一个大腹窦，书肺就浸润在腹窦中。静脉导管将淋巴液从腹窦或肺部输送到心脏。有的蝎子和许多蜘蛛的淋巴液都包含血蓝蛋白，这是一种负责输送血液中的氧气的色素。

神经系统

蛛形纲动物的大脑按照其功能被划分为两个区域，分别称为前脑节和后脑节，它们分布在食管上面，其余的神经系统分布在食管下面。身体中间部分和腹部的大部分神经节通常和身体后部的神经节相融合，食管下方的神经节衍生出附肢的神经以及腹部后部神经束。有许多种体积、外观各不相同的结构被用作多种外界刺激的接收器，最基本的是触觉刺激，但是也包括嗅觉的、味觉的、听觉的以及热感的和视觉的外界刺激。

对这些动物来说，异常重要的是感觉毛，这是一种能动的毛发，很细很长，能够感知空气的流动和振动。另一个蛛形纲动物身上常见的结构是裂缝感受器，它们分散在附肢和身体上，且主要集中分布在附肢上，形成一种竖琴状的器官，回应关节的运动和振动，或者说，它是一种本体感受器（让动物知道自己身体的相对位置）。

繁殖

它们是雌雄异体的，也就是说有雌性的个体和雄性的个体。性腺（单个的或者成对的）位于腹部。生殖孔位于后体部的第二个体节。受精方式为体内受精，通常通过精荚进行间接受精。精荚是一个特殊的囊状物或者袋状物，用于运载并保护精子，将它们与环境隔离开来（这是对陆地环境的一种适应）。

它们拥有复杂的求偶仪式。不同性别的个体会对视觉、触觉以及化学的求偶信号做出回应，这些信号让生物们开始进行间接受精所必需的行为。这些信号对于掠食性动物是非常重要的。后代的发育是直接发育，不经过变态过程。蛛形纲动物有的是卵生的，有的是卵胎生的，也有的是胎生的。少数物种通过孤雌生殖进行繁殖。

多样性

在有螯肢的节肢动物（有螯肢、无触角、无颚骨）中，蛛形纲动物包含蜱螨目（螨和蜱）、无鞭目、蜘蛛目（蜘蛛）、盲蛛目（大脚蜘蛛）、须脚目（鞭蝎目）、伪蝎目（拟蝎目）、节腹目、裂盾目、蝎目（蝎子）、避日目和尾鞭目。

它们也是蛛形纲动物
蜱和螨是构成蛛形纲动物的一个子类，在这个子类中，大部分物种的体长都只有几毫米。

外骨骼

蛛形纲动物的生长是通过蜕皮来实现的，通过蜕皮，它们会摆脱旧的外骨骼。在青年时期，每个个体通过持续的蜕皮（最多 1 年 4 次）来生长；当它们长至成年，蜕皮便改为 1 年 1 次。

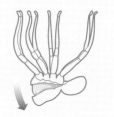

1 表皮松散
甲壳的前缘剥落，外皮从腹部脱落。

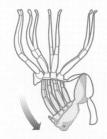

2 蜕皮
足进行上下的运动，直到新的角质层从旧的角质层中滑出。

3 新皮硬化
旧的外骨骼从身体上脱落，新的外骨骼接触空气后，渐渐变硬。

蜘蛛网

蜘蛛最明显的特征就是能织蜘蛛网，蜘蛛特殊的腺体能分泌大量的蛛丝，这些蛛丝集合而形成蜘蛛网。蛛丝在蜘蛛体内时是液体，被分泌出来暴露在空气中时，就会硬化。蜘蛛网有弹性，轻薄而耐久，具有繁殖、捕食、防御等功能。

用网捕食

蜘蛛丝最为人熟知的功能是蜘蛛用蛛丝结成的网捕捉猎物。这些节肢动物具有很强的适应性，它们能修改蛛网的样式。网的样式和大小取决于被困住的生物以及可能捕获的猎物。蛛丝纤细，蛛网几乎是透明的，这也是蜘蛛捕食的策略，猎物无法轻易避开蛛网。

构造

蛛网的外观由蜘蛛决定。其韧度堪比钢铁，弹性则相当于尼龙的2 倍。

陷阱

有许多蜘蛛用网来捕食猎物。网的式样有多种；从简单的悬丝到复杂的三维立体的网。

用于固定

蛛丝的黏附属性归功于黏性物质或缠绕得极细的丝。

信息

当猎物撞向蛛网，会使蛛网发生振动。这样，蜘蛛就会获得关于猎物的位置、体积以及重量的信息。

1 开始织网
蜘蛛将自己悬于长丝上，随风摆动，当丝的游离端与物体接触并黏附后，便搭成了一个水平丝桥。

2 三角结构
蜘蛛以丝桥的两端为两端，织出一根松散的丝，它沿着这根松散的丝滑下，丝构成一个三角形。

3 支撑结构
用蛛丝构建支撑结构，支撑结构可以固定在周围的物体上，可以是树干、墙或者岩石。

4 放射状的经丝
通过纺绩器，蜘蛛织出蛛网的经丝，然后再从一根经丝到另一根经丝，织出临时的非黏性的螺旋丝。

5 替换
非黏性丝会因为蜘蛛螯肢的动作或者猎物而破裂。蜘蛛会把非黏性的螺旋丝替换为更为持久的黏性丝。

2500
目前已有2500 种结网蛛被登记在册。

可食用的网

如果蛛网失去黏性，蜘蛛会把失去黏性的网吃掉，从而恢复消耗掉的能量。

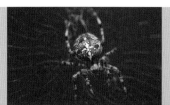

致命的吸引

有的蛛网，为了能吸引昆虫的到来，会模仿花的紫外线图案。

"纺纱工人"

蛛丝由2~3对丝腺分泌产生，丝腺中含有数百个微型管，与产丝的腺体相连。蛛丝像液体一样被分泌出来，随后接触空气便渐渐硬化。

多种用途

蛛网最初的用途是为了繁殖，用于保护精子或卵子。蛛丝也被用于编织捕食用的蛛网，或用于困住猎物、掩盖住所以及作为安全线。

繁殖

雄性蜘蛛织网，以便将精子运输到它们的脚须。

掩盖

挖掘穴道居住的蜘蛛会用蛛丝盖住洞口。它们也能用蛛丝织成盖子。

卵鞘

蜘蛛的卵子会被蛛丝包裹，形成一个具有保护作用的丝茧。

安全保障

蜘蛛在移动时，会放出一根坚韧的丝，这根丝可以在它不慎坠落时保护它。

礼物

雄性蜘蛛会用蛛丝把猎物包裹好，送给雌性蜘蛛，以此向它求爱。

飞行

蜘蛛可以爬到高处，放出蛛丝落下，然后被风带到别的地方。

包裹

猎物一旦被捕获，会被包裹在蛛丝的囊中，进而被吸食。如果猎物没有马上被吃掉，丝囊包裹的猎物可以直接用来储存

构成

蛛丝由复杂的蛋白质构成。雄性蜘蛛和雌性蜘蛛都能够合成这种物质。

30%

蛛丝在原始长度的基础上可延伸的长度

毛丛

蜘蛛足部的末端有黏性的毛，这些毛使它们能在网上行走。

多种多样的陷阱

有的蜘蛛织出的蛛网带有整齐的图案，如螺旋形、漏斗形、穹顶形、管状等。也有的蜘蛛网是不规则的，靠树叶和树枝起支撑作用。有的巨型热带蜘蛛的网异常结实，甚至能困住体形较小的鸟类。

蝎目

门： 节肢动物门

亚门： 螯肢亚门

纲： 蛛形纲

目： 蝎目

种： 1200

蝎目是节肢动物中最古老的的陆生种类。据估计，它们是由水生的祖先进化而来的。它们可以生活在多样化的环境中，比如沙漠和热带雨林。它们对人类来说并不都是危险的。蝎子以其他无脊椎动物为食，它们通过被称为螯肢的口器和两个附肢进食。螯肢可以研磨食物，而两个附肢，或者说两个巨大的脚须的末端具有可以刺破猎物的蝎钳。

Pandinus imperator
帝王蝎

体长：12~20 厘米
栖息地：陆地
分布范围：西非

帝王蝎拥有强壮的身躯，它们是蝎目中体形最大的物种之一，但不具有攻击性。它们有巨大的脚须（口的延伸），上面有表面呈颗粒状的钳子；它们还有强有力的螯肢。

白天它们躲在缝隙、洞穴、岩缝中或者杂物堆中；到了夜晚，它们开始捕猎小昆虫，如蟋蟀、蟑螂、蚯蚓甚至体形较小的老鼠。雌性帝王蝎较雄性略大。在繁殖季节，帝王蝎会进行一种类似舞蹈的求偶仪式，在仪式中，雄性蝎子会将精荚放置在地上，稍后雌蝎会把它放入自己的生殖道。

蜇伤
被帝王蝎蜇伤相当于被蜜蜂蜇伤，其毒性很低。

Tityus pachyurus
哥伦比亚毒蝎

体长：6.5~7.5 厘米
栖息地：陆地
分布范围：巴拿马、哥伦比亚
和哥斯达黎加

这是世界上毒性最强、最危险的蝎子之一。它们呈现均匀的暗红色，外表粗糙无光泽。这是一种夜间活动的肉性蝎子。尽管它们的适应能力非常强，能够适应城市的生活环境，但它们还是多生活在林下植物的落叶或植被下，很少在地面上活动，大多是在干燥避光的地方生活。

它们的毒素会使受害者呼吸困难，大汗淋漓，行为异常，流泪乃至死亡。

Buthus occitanus
地中海黄蝎

体长：8~12 厘米
栖息地：陆地
分布范围：伊比利亚
半岛和北非

地中海黄蝎生活在干旱的岩石地带，喜爱温暖、隐蔽的空间，比如灌木丛中。被它们蜇伤后会非常痛，然而对人类来说并不致命。它们的蝎毒具有 11 种不同的毒素，其中有两种毒素对大型哺乳动物有影响，会使哺乳动物产生红斑反应、局部坏死、患侧肢体发炎、肌肉痉挛、震颤、刺痛和麻木的感觉。

它们的食物包括节肢动物甚至它们的同类。它们在晚上捕食，在这期间它们隐藏在自己的洞口等待猎物。它们通过探测猎物行走造成的地面振动来预知猎物的到来，然后用毒刺向猎物注射毒素以使其麻痹。吃剩的食物残骸就散布在它们的洞口周围，这些残骸包括昆虫的外骨骼乃至幼年的加拉帕戈斯陆龟的头骨。它们在温暖的月份比较活跃。

毒性
可以注射微量的毒素

眼睛
它们有 1 对由角膜和晶状体组合而成的前侧眼

Hadrurus arizonensis
沙漠金蝎

体长：14 厘米
栖息地：陆地
分布范围：美国的加利福尼亚州和墨西哥

　　沙漠金蝎是北美洲体形最大的蝎子，它们已经适应了其生存环境的炎热和干旱，能够忍受身体中 40% 的水分流失。

　　白天，它们隐藏在自己挖掘的洞穴中，洞深可达 90 厘米。它们通过自己的毒素猎食大型昆虫、蜘蛛和小型脊索动物。它们的毒素的毒性对人类来说并不是很强，但是会导致呼吸困难以及长时间的肿痛等症状。在其自然栖息地，还有其他种类的蝎子和它们共存，例如加利福尼亚沙漠金蝎。它们的平均寿命为 2~5 年，不过目前已发现寿命达到 25 年的个体。

Androctonus amoreuxi
利比亚金蝎

体长：10 厘米
栖息地：陆地
分布范围：非洲

　　利比亚金蝎的拉丁学名指出了它们的危险性，其拉丁文意为"人类杀手"，这是因为它们的蝎毒所含有的神经毒素能够致人死亡。它们大小适中，捕食的猎物体形都比它们小。它们通过体内受精的方式进行繁殖，雄蝎将精荚放置在地上，雌蝎将其送入自己体内。幼蝎在雌蝎体内发育，其妊娠期为 4~6 个月。

感觉毛
能够探测地面的振动。

门：	节肢动物门
亚门：	螯肢亚门
纲：	蛛形纲
亚纲：	蜱螨亚纲
目：	7
种：	3 万

蜱螨目

　　这是一个物种非常多样化的群体，蜱类和螨类都包含在这个群体中。它们种类繁多，生存环境非常广泛，从淡水到海水，既有寄生的，也有营自由生活的。

Dermacentor variabilis
美洲狗蜱

体长：4 毫米
栖息地：陆地
分布范围：北美洲

　　它们的形状为圆形，幼虫和成虫很好区分，因为成虫有 8 条腿，而幼虫只有 6 条。它们在地毯上或者有高高的牧草的地方生活，这些地方能让它们有机会攀附到脊椎动物身上，比如狗、牛、马以及人类，它们以吸食这些脊椎动物的血液为生。吸血后，它们的体积会有巨大的变化。在繁殖的季节，雌蜱虫可产多达 7000 枚卵。

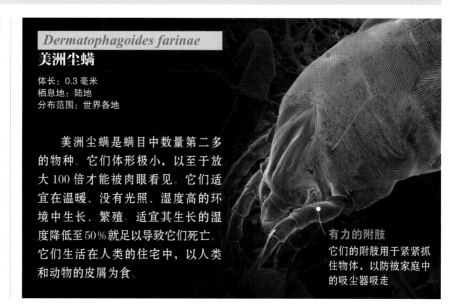

Dermatophagoides farinae
美洲尘螨

体长：0.3 毫米
栖息地：陆地
分布范围：世界各地

　　美洲尘螨是螨目中数量第二多的物种。它们体形极小，以至于放大 100 倍才能被肉眼看见。它们适宜在温暖、没有光照、湿度高的环境中生长、繁殖。适宜其生长的湿度降低至 50% 就足以导致它们死亡。它们生活在人类的住宅中，以人类和动物的皮屑为食。

有力的附肢
它们的附肢用于紧紧抓住物体，以防被家庭中的吸尘器吸走。

蜘蛛目

门：	节肢动物门
亚门：	螯肢亚门
纲：	蛛形纲
目：	蜘蛛目
种：	3.5 万

蜘蛛的身体前段被一个形似甲壳的盾覆盖着，身体的后段不分节。嘴前方的螯肢呈爪状或犬牙状，里面具有分泌毒液的腺体。此外，它们还拥有分泌蛛丝的腺体。大多数蜘蛛有 8 只眼睛。它们分为织网型蜘蛛和游猎型蜘蛛。雄性蜘蛛通常比雌性蜘蛛的体形小。

Araneus diadematus
十字园蛛

体长：0.5~2 厘米
栖息地：陆地
分布范围：北半球

织网与拆网
十字园蛛每天都重新构建它们的网，以增大捕获猎物的可能性。

十字园蛛的颜色在黄色和深灰色之间变化，深灰及黑。所有个体在背部都有白色的"十"字形的斑点。它们通常生活在花园的灌木丛中，在这里编织出螺旋形的蛛网，然后待在网的中央，等昆虫落入网中就快速用丝将其缠住。但它们并不会立即将猎物吃掉。十字园蛛的足部是很特殊的，所以它们适合在蛛网上行走。第一对步足最长，被用作环境中振动的感官接收器。

雄性十字园蛛比雌性的小很多，它们在靠近雌蛛进行求偶时会很谨慎，因为很有可能会被雌蛛视为潜在的威胁。雌性十字园蛛将卵产在茧中，然后守护它们直到死去。

Gasteracantha cancriformis
乳头棘蛛

体长：0.2~1 厘米
栖息地：陆地
分布范围：美国南部和
中美洲

乳头棘蛛生活在低矮的植被处。在交配时，雄性乳头棘蛛会在雌蛛的网旁边结一张网，然后在网上走动，以表示自己不是一个潜在的猎物。

Meta menardi
欧洲洞穴蜘蛛

体长：2~6 厘米
栖息地：陆地
分布范围：欧洲、亚洲和北非

欧洲洞穴蜘蛛生活在黑暗的地方，如洞穴、隧道和矿井。出生时，年幼的欧洲洞穴蜘蛛都喜光，而成年欧洲洞穴蜘蛛都极为怕光。它们的身体和足部都较为细长，口部的螯肢很发达，在交配时，雄蛛会用螯肢固定住雌蛛。装有蜘蛛卵的茧呈泪滴状，通过一根蛛丝悬挂着。欧洲洞穴蜘蛛以无脊椎动物为食，特别是千足虫。

Argyroneta aquatica
水蛛

体长：0.8~2 厘米
栖息地：水中
分布范围：亚洲

水蛛生活在水面以下，由于具有呼吸用的肺，它们会用自己的丝织一个储存空气的钟形罩，并把它固定在水生植物上。为了向钟形罩内填充氧气，它们会在水面寻找气泡并将气泡拖到钟形罩内，把气泡挂在覆盖它们身体的绒毛上。这个钟形罩除了储存空气之外还起到巢穴的作用。当有猎物靠近时，蛛网上会产生振动，提醒水蛛去捕捉猎物。捕获猎物后，水蛛会把它们拖进钟形罩内，它们在钟形罩内分泌一种消化酶，将猎物溶解。水蛛白天留在巢内，以水生动物为食，包括一些鱼苗。它们生活在平静的或者较为静止的水域。

Nephila clavipes
金丝蜘蛛

体长：0.4~4 厘米
栖息地：陆地
分布范围：北美洲、加勒比地区、中美洲和南美洲多地

金丝蜘蛛通常生活在水体周围潮湿的地区。雌蛛身体的后段呈细长的橙色圆柱形，上面有黄色的小点，它们身体的前段是银色的，足部有黄色和褐色的条纹；雄蛛呈棕色，不像雌蛛颜色那么醒目，它们通常独居或小规模群居，生活在雌蛛的网附近，以雌蛛没吃掉的小昆虫为食。

当有昆虫碰到蛛网，金丝蜘蛛会靠过去，将猎物用丝包裹起来。如果需要立即食用，它们会将消化液注入昆虫体内；否则会将裹好的昆虫用丝悬挂起来，以备几个小时后使用。它们的蛛网是二维的，并且通常定向在垂直平面的两个支撑物之间。它们以这种形式编制更大

的网，有的网边长达 1~2 米。每天它们都会对网进行维护，撤掉失去黏性的和破损的辐射状经丝。从蛛网上撤掉的蛛丝会被蜘蛛吃掉，从而补充氨基酸。雌蛛在交配后，很少会吃掉雄蛛。它们的寿命约为 1 年。

等待
金丝蜘蛛会待在网的中央，直到捕捉到昆虫。

Latrodectus mactans
黑寡妇蜘蛛

体长：1~4 厘米
栖息地：陆地
分布范围：美国

黑寡妇蜘蛛呈黑色，身上有一个红色斑点，腹部形似一个沙漏，上面也可能有多个斑点。幼年的黑寡妇蜘蛛有橙色的、棕色的和白色的，通过蜕皮呈现新的颜色。它们多生活在暗处，天性并不具攻击性。它们在夜间活动，不喜群居。其毒素具有神经毒性，会造成中枢神经系统麻痹和肌肉痛。

Pholcus phalangioides
家幽灵蛛

体长：0.5~1 厘米
栖息地：陆地
分布范围：世界各地

家幽灵蛛很容易在住宅中被找到，尤其是在房间天花板的角落。它们织的网没有固定形态，其蛛丝是最细、最坚韧的蛛丝之一。家幽灵蛛的足长是体长的 5~6 倍。它们以昆虫和其他蜘蛛为食。如果食物匮乏，它们会吃掉自己的幼蛛和自己蜕掉的壳。

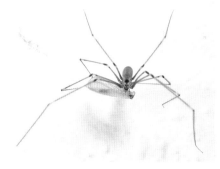

Theraphosa blondi
亚马孙巨人食鸟蛛

体长：5~10 厘米
栖息地：陆地
分布范围：南美洲北部

亚马孙巨人食鸟蛛体形硕大且健壮，目前记载的最大的个体重达 150 克，包含足部在内的身长长达 30 厘米。它们周身覆盖绒毛，身体为深褐色。在蜕皮前，它们的身体会发红，颜色会变浅。为了防御，它们长有许多致痒的刺毛，人类接触后会导致严重的过敏。

雌蛛最多能活 15 年，而相对于雌性，体形较小的雄蛛只能活 3 年。它们食用多种动物，包括小型脊索动物，如蜥蜴和老鼠。亚马孙巨人食鸟蛛的求偶仪式进行得很缓慢，雄蛛谨慎地靠近雌蛛，同时抬起脚须和第一对步足。交配过程耗时并不多，交配完成后雄蛛会快速地逃离雌蛛，以防变成雌蛛的食物。雌蛛最多会耗时 1 年来构筑 1 个卵袋，一旦卵袋挂好，蜘蛛幼虫便会在里面进行为期 10 周的孵化。一般来说，雌蛛每产下 200 枚卵会有 100~150 枚卵能够孵化成功。幼蛛的第一次蜕皮在出生 3 周后进行。亚马孙巨人食鸟蛛是世界上体形最大的蜘蛛之一。

其他螯肢亚门动物

螯肢亚门动物起源于早寒武纪时期的海洋，是除昆虫以外，物种最丰富的动物门类。在蛛形纲动物中，除了个别动物，绝大多数都是陆生的。而与之相反的是，另外两纲——肢口纲（包括现存的剑尾亚纲和已经绝种的板足鲎亚纲生物）和海蛛纲（也叫坚殖腺纲），都是海洋动物。

门：	节肢动物
亚门：	螯肢亚门
纲：	3
种：	8万

身体外部结构

虽然螯肢亚门生物的身体都可以分为前体部和后体部两部分，然而肢口纲动物的前体部很宽，上面覆盖着背甲，而且每一个体节都有不分支的附肢。螯肢和须肢有专门的用途，具有极为广泛的功能，如感知、进食、防御、运动以及交配。它们拥有中间的单眼和两侧的复眼。后体部至多由12个体节组成，具有有鳃的附肢和一个尾节；在海蛛纲的动物中，前后体区都被缩短（尤其是后体部），并且没有尾节，它们的大部分内脏都分布在足部，其数量可能大于4对，且没有复眼。

身体内部组成

它们的消化道延续了节肢动物消化道的基本模式，分为前、中、后三部分。循环系统包括一个背侧的有心孔的心脏，心脏位于心包窦的内部，通向多根血管。剑尾亚纲动物(包括鲎)用书肺进行气体交换，这在节肢动物门动物中是较少见的。每一片书肺都有数百个鳃瓣，其内部循环着血液，血液与外界被表皮和细致的角质层分隔开。被高度改良的附肢有节奏地摇摆，以便让周围的水动起来。海蛛纲动物没有专门用于气体交换和排泄的器官。

繁殖与发育

螯肢亚门动物是雌雄异体的，通常有复杂的交配行为，以确保受精。除了剑尾亚纲动物的幼卵以外，螯肢亚门物种的幼卵通常几乎没有卵黄。幼卵是直接发育的，性腺很简单。它们具有显著的性别差异，大多数时候雌性比雄性体形大。海蛛纲动物的携卵肢很突出，雄性的携卵肢比雌性的要发达很多。

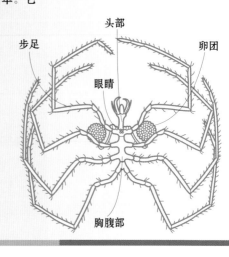

头部
步足
卵团
眼睛
胸腹部

海蛛纲

门：节肢动物门

亚门：螯肢亚门

纲：海蛛纲

从南极、北极到热带地区，所有海洋中都有它们的踪迹；有的生活在滨海地区，有的生活在大洋深处。总体上，它们体形都很小，体长都介于 0.1~1 厘米之间。

Colossendeis proboscidea
巨吻海蛛

体长：0.5~1 厘米
栖息地：海洋
分布范围：太平洋南部和印度洋

巨吻海蛛的身体细长而扁平。两个体部间的分区不是很明显。它们的颜色通常是黄色或者棕色。巨吻海蛛生活在 10~5000 米深的海洋深处。它们的足可长达 40 厘米。然而，很多时候，比起依靠自身的运动系统，它们要更多地依靠海洋底部微弱的水流进行移动，这种水流会使巨吻海蛛旋转起来。它们的步足由 3

个基节、股节、2 个胫节、基腹节、跗节和足部末端组成。主要以水螅为食。它们在海底行走，将须节抵在海底的海床上，以此来探测淤泥中潜在的猎物。

Pycnogonum
海蜘蛛

体长：0.5~2 厘米
栖息地：海洋
分布范围：北冰洋、北大西洋和地中海

海蜘蛛的身体长满了疣状颗粒，身体由区分得很明显的体节构成。它们没有螯肢，也没有须节。它们的腹部很小，身体的颜色是白色、淡黄色或类似棕色的，拥有 4 只眼睛。它们的 4 对步足又短又宽，足上有分节，足的末端是弯曲的。和雌性海蜘蛛不同的是，雄性具有携卵肢，携卵肢用于携带虫卵且比其他附肢都短。它们生活在海水中浅水区域的礁石底下。

鲎

门：节肢动物门

亚门：螯肢亚门

纲：肢口纲

目：剑尾目

鲎，这个古老的海洋原住民共有 5 个不同的种类。它们终生居住在海底深处柔软的海床上，仅仅在交配的时候离开大海，将卵产下，埋藏在潮间带的沙土中。

Limulus polyphemus
美洲鲎

体长：40~60 厘米
栖息地：海洋
分布范围：墨西哥湾和大西洋北部

美洲鲎是公认的活化石，因为我们发现的最早的鲎的化石诞生于 4.45 亿年前。它们生活在浅海处的软质海底中。其身体颜色为深棕色。美洲鲎有一个马蹄铁状的背甲，背甲表面光滑、向上凸起。这种外形方便它们的行动，而且能够对腹部的附肢起保护作用。

背部以及前体部的背甲两侧都有 1 只大型复眼，2 对较小的单眼分布其间，背甲底下还有 5 个光感受器。美洲鲎是肉食性动物，它们摄入的食物中 80％ 是双壳类软体动物。此外，它们也吃其他的软体动物、环节动物以及其他无脊椎动物。

陷阱
鲎可以把自己藏在沙子中进行狩猎。

背甲
背甲是前体部的体节融合在一起的产物。

甲壳亚门动物及其他

大多数甲壳亚门动物生活在海洋和淡水中，只有很少数生活在陆地上。一般来说，它们通过鳃呼吸，具有用于运动的附肢。这个成员丰富的群体由磷虾、水蚤、蟹、龙虾、虾以及潮虫组成。

一般特征

甲壳亚门动物包含海洋生、淡水生和陆生的物种。它们的角质层可能是钙化的并含有色素。它们的身体分为头部、胸部和腹部。原始的甲壳亚门动物身体分为 60 个以上的体节，到现在体节数已大为减少，其大部分体节都被外壳或者表面的盾片保护着（甲壳亚门就得名于此）。甲壳亚门动物营自由生活，是滤食性动物、掠食性动物或食腐性动物，此外，也存在寄生的甲壳亚门动物。

门：节肢动物门
纲：6
目：40
种：超过 6.7 万

形态和摄食

甲壳亚门动物的身体一般具有明显的分区。头部由原头区（前端的非体节区域）及 5 个体节组成。它们具有头部盾片或甲壳。头部通常具有 1 对复眼，有柄的或者无柄的，而它们的幼虫只具有 1 只无节幼体单眼。此外，它们具有

5 对附肢，其中包括 2 对触角（第一触角和触角）、1 对颚足和 2 对上颌骨（小颚和大颚）。其胸部（或者说中间部分）的体节数量不一。它们的附肢或者胸部附器具有多样化的功能：运动、摄取食物、呼吸以及防御。内部是其主要器官。它们的鳃一般是胸部附肢的一部分，胸部附肢的末端一般有刺，以抵御外敌或处理食物。它们的腹部也有数量不等的体节。腹部的附肢叫作腹足，主要用于游泳。身体最后面的附肢是尾肢。甲壳亚门动物的身体最末端不分节，被称为尾节，这和环节动物的尾节是同源的。所有附肢最初都是双肢型的（有 2 个分叉），有的部分变成了单肢型。甲壳亚门动物的食物很多样，因此，与摄食相关的附肢以及消化系统根据其食物的特点都会产生相应的改良。

排泄和渗透调节

它们是排氨生物，也就是说它们会排出氨。其排泄和渗透调节与以触角腺（绿腺）和小颚腺为代表的肾管有关，这些腺体和头节相连。鳃部除了具有呼吸的功能外，还能调节体内的盐分含量，能将多余的盐分排出（在海水中），也能吸收盐分（在淡水中）。肾原细胞和某些肠道细胞能够积累含氮废物和残渣。

循环和气体交换

甲壳亚门物种的心脏各不相同：有的物种心脏呈椭圆形，有的物种心脏缺

失；从心脏出发的动脉形式也不统一。体形较大的动物可能具有附加的血泵。呼吸通过体壁实现，但是最常见的还是通过鳃呼吸。鳃和附肢相连，这些附肢通过击打产生水流。陆生甲壳亚门动物的腹足鳃进化成了内部的假气管。

神经系统

甲壳亚门动物神经系统的原始形态保留了环节动物的特征，其进化后的形式具有神经前部集中的特点。神经节融合及大型神经纤维促使神经冲动（和快速反应有关）的传输更快捷。它们具有化学感受器、机械感受器、平衡自身感受器等，这些感受器让动物获取自身的信息，此外，还有温度感受器和光感受器。

繁殖

甲壳亚门动物的生命周期及繁殖方式各不相同：有的雌雄异体，有的雌雄同体，有的则通过孤雌生殖。一般来说，它们具有 2 个性腺（可能是融合在一起的），2 根生殖管和 1 对生殖孔，此外，还具备经改良适用于交配的附肢。大部分甲壳亚门动物的繁殖方式为体内受精。雌雄异体的甲壳亚门动物能够用专门的附肢一直携带着卵，直到它们孵化出来。原始的幼虫是无节幼虫，这也是甲壳亚门的特点之一。无节幼虫可以自由进行发育或者在特殊的育卵囊内发育，在这种情况下，它们会在卵内度过幼体期。

生长发育

大多数甲壳亚门生物通过变态实现生长，变态分为几个区别明显的阶段。幼体和成年个体完全不同，从幼体到成年需经过多个不同阶段。在每一个阶段，动物的生长都会引发它们外保护层的脱落，旧的保护层被新的取代，这个过程被称为蜕皮。

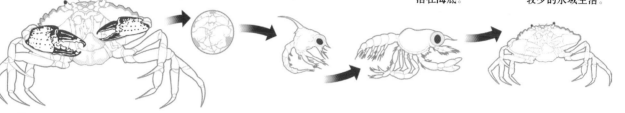

1 孵化
雌蟹通常把卵产在腹部。

2 卵
无节幼虫在卵内发育。

3 蚤状幼体
孵化后会出现会游泳的底栖幼虫。

4 大眼幼虫
幼虫的第二个阶段，可行走，生活在海底。

5 小螃蟹
身体上长出螯足(蟹钳)，迁徙到盐分较少的水域生活。

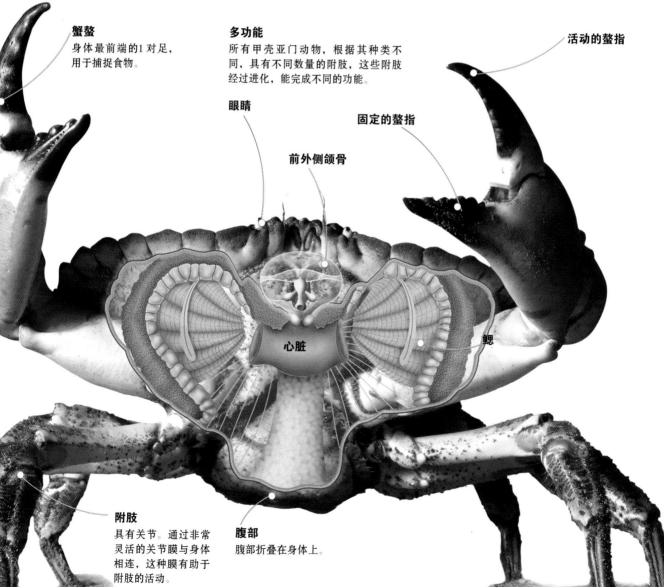

蟹螯
身体最前端的1对足，用于捕捉食物。

多功能
所有甲壳亚门动物，根据其种类不同，具有不同数量的附肢，这些附肢经过进化，能完成不同的功能。

活动的螯指

眼睛

固定的螯指

前外侧颌骨

心脏

鳃

附肢
具有关节。通过非常灵活的关节膜与身体相连，这种膜有助于附肢的活动。

腹部
腹部折叠在身体上。

螃蟹及其亲缘物种

门：节肢动物门	
纲：软甲纲	
亚纲：3	
目：未定义	
种：约2万	

对虾、龙虾、潮虫、蜘蛛蟹、虾、磷虾和其他相关动物都属于这一分类。它们大部分是水生物种，既有生活在淡水中的，也有生活在海洋中的。它们通常生活在沿海地带及较浅的开放的海洋区域。它们有2对触角，在生长过程中会经历巨大的变态过程。它们通过鳃和体表呼吸。

Odontodactylus scyllarus
雀尾螳螂虾

体长：18 厘米
栖息地：海洋
分布范围：热带海洋

它们生活在自己挖掘的狭窄的洞穴中，洞穴位于水深少于 50 米的地方。它们是底栖动物，在海底用自己的前肢移动，它们也能游泳。其背部颜色鲜艳明亮，前部是红色的，中部绿色，尾部的扇形呈蓝色。它们的腹部厚实健壮，肌肉发达。其外壳将头部完全覆盖，是可以活动的。雀尾螳螂虾是肉食性动物，以其他甲壳类动物、软体动物和蠕虫为食。

眼睛
它们的眼睛相对于其体形来说很大，具有肉柄，很适合捕猎。

隐士
它们不喜群居，性格好斗。它们一般藏在自己的洞穴中窥视猎物。

扇形
当感觉受到威胁时，它们会展开其鲜艳的蓝尾巴，作为警示的信号。

Pandalus montagui
蒙氏长额虾

体长：12 厘米
栖息地：海洋
分布范围：太平洋北部和大西洋

它们生活在 30~1200 米深的冰冷的海底。它们的身体后部弯曲，呈半透明状，有时身体呈现出橙色或者红色的色泽。它们游泳时很灵活，雌雄同体，雄虾生长到一定年龄会变成雌性。

Armadillidium vulgare
鼠妇

体长：1.8 厘米
栖息地：陆地
分布范围：温带地区

它们生活在海边、倒下的树干底下或枯枝落叶下面，因为这些区域比较潮湿。虽然它们是一种陆生甲壳动物，但它们依赖水进行呼吸（因为它们通过鳃呼吸）和孵化卵，是昼伏夜出型生物。水分从它们可渗透的外壳流失，再通过摄入的食物得到补给。它们的视力并不发达，但它们却有很发达的接收器，用于感知外界的运动和振动。它们的身体背、腹面是扁平的，没有外壳。它们以腐烂的有机物质为食。

防御
它们身体的盾片坚硬，以关节相连，在遇到危险的时候，能将身体蜷缩成球形。

幼虫
雌性鼠妇的腹部具有育儿袋或者卵袋，用于存放虫卵。

Euphausia superba
南极磷虾

体长：5 厘米
栖息地：海洋
分布范围：南极

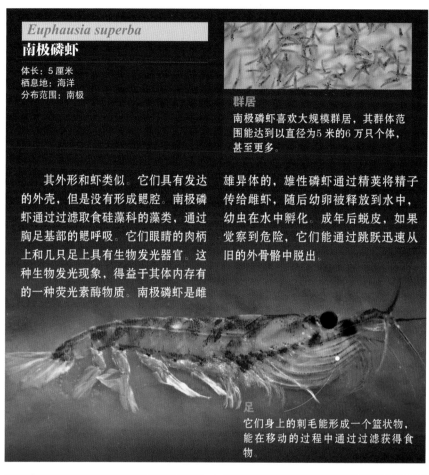

群居

南极磷虾喜欢大规模群居，其群体范围能达到以直径为 5 米的 6 万只个体，甚至更多。

其外形和虾类似。它们具有发达的外壳，但是没有形成鳃腔。南极磷虾通过过滤取食硅藻科的藻类，通过胸足基部的鳃呼吸。它们眼睛的肉柄上和几只足上具有生物发光器官。这种生物发光现象，得益于其体内存有的一种荧光素酶物质。南极磷虾是雌雄异体的，雄性磷虾通过精荚将精子传给雌虾，随后幼卵被释放到水中，幼虫在水中孵化。成年后蜕皮，如果觉察到危险，它们能通过跳跃迅速从旧的外骨骼中脱出。

足

它们身上的刺毛能形成一个篮状物，能在移动的过程中通过过滤获得食物。

Nephrops norvegicus
挪威海螯虾

体长：15~24 厘米
栖息地：海洋
分布范围：大西洋，挪威海岸到地中海

挪威海螯虾生活在 20 米深的浅海软质海底上，它们在这里挖洞穴居，其住所最深可至 80 厘米，它们在洞穴中度过其生命的大部分时光。它们的颜色介于暗淡的橙色和玫瑰红之间，习惯昼伏夜出。它们的身躯长度大于宽度，非常瘦。第二对触角最长，第一对足具有运动的功能，此外，它们有一对不规则的钳子。挪威海螯虾的眼睛很大，颜色很深，它们善于在夜晚黑暗的时段捕猎蠕虫和鱼类。其寿命接近 10 岁。

Palaemon serrifer
锯齿长臂虾

体长：7~11 厘米
栖息地：海洋
分布范围：大西洋，从丹麦到毛里塔尼亚，地中海和死海

它们生活在最深为 40 米的水域，经常居住在礁石缝隙下面。它们的身体呈透明的圆柱形（但通常有橙色线条为其增添色彩），身体覆盖着外壳。它们的第一对足已经进化，足的末端有钳子。它们的视力很发达，眼睛很大，呈规则的球形并且能感知声音。它们主要食用动物尸体、藻类及其他虾。

Panulirus femoristriga
圆点龙虾

体长：20 厘米
栖息地：海洋
分布范围：热带海洋

它们生活在沿海很浅的水域，通常不群居，而是独自生活在自己挖掘的洞穴中或者礁石下方。它们的身体颜色为橙红色，足上有白色和紫色的纵向条纹。相对于它们身体来说，它们的触角很长，没有钳子。它们的食物主要包括软体动物、鱼类、藻类和腐败物。龙虾分为雌雄两性，其受精发生在水中。

Periclimenes yucatanicus
岩虾

体长：3.5 厘米
栖息地：海洋
分布范围：热带海洋

它们生活在清澈、温暖的浅水水域，形似蜘蛛。它们的身体细长而透明，身上有颜色鲜亮的斑点，多为橙色和紫色。它们有外壳，前三对足经过进化，形似颚，因而它们的作用类似口器。它们生活在海葵的间隙中以寻求自我保护，以帮助海葵清除其触角上的寄生虫作为回报。

Birgus latro
椰子蟹

体长：40 厘米
栖息地：陆地
分布范围：热带地区

它们的身躯宽而强壮，雄性体形比雌性的大。它们的寿命通常在30~60岁之间。它们有2个巨大的螯。通过其行走用的附肢，它们可以爬到棕榈树干6米高的地方。它们的第四对足

体重
椰子蟹是陆生节肢动物中最重的，体重能达到4千克。

求偶
雄蟹会和雌蟹展开战斗，直到雄蟹成功将雌蟹掀翻，背部着地，雄蟹才能进行交配。

最小，但上面也有钳子，幼年椰子蟹用这对钳子将自己依附在腹足动物的贝壳里进行自我保护，而成年椰子蟹主要用这对钳子进行攀爬和行走。第五对和最后一对腹足用来清洁呼吸腔中残留的沙子。当要蜕壳的时候，它们会隐藏起来长达几天，直到其新外皮变硬。它们主要食用椰子和无花果。

触角
它们具有嗅觉接收器，能判断其感知到的气味的距离。

Dardanus pedunculatus
柄真寄居蟹

体长：10 厘米
栖息地：海洋
分布范围：印度洋和太平洋

柄真寄居蟹生活在潮间带地区清澈、温暖的水域，居住在珊瑚礁附近27米深的水域。它们的外壳呈黄色或红色，附肢为白色，上面有红色的条纹。它们的左螯比右螯大。柄真寄居蟹居住在被遗弃的蜗牛壳里，由此保护自己柔软、弯曲的腹部。随着它们的生长，体形会变大，它们便会寻找适合其新尺寸的"蜗牛壳"作为"新家"。

Gecarcoidea natalis
圣诞岛红蟹

体长：12 厘米
栖息地：陆地、海洋
分布范围：印度洋岛屿和大西洋的海岸

圣诞岛红蟹生活在阴凉的地方，常常半埋在泥沙中。它们通过鳃呼吸，因而它们需要借助水实现气体交换。它们的身躯健壮，颜色为浓烈的红色。有巨大的螯，雌蟹的螯较小。它们以树叶和花朵为食，但也能食用动物，甚至会吃它们的同类。在旱季，它们并不活跃，但在最初的几场雨水过后，它们会进行交配。雄蟹将精子放置在雌性红蟹的腹部，从而进行受精。

Macrocheira kaempferi
甘氏巨螯蟹

体长：1~3 米
栖息地：海洋
分布范围：日本

甘氏巨螯蟹生活在约300米深的海底，它们的身体呈浅橙色，宽约40厘米，但是它们的足长能达到1.5米。它们的体重能达到20千克，寿命可达100年。它们主要食用死去的有机物，还会用螯捕猎蛤蜊，用其强壮的颌骨敲碎蛤蜊壳食用。它们的视力并不发达，相应地其听觉足以捕捉到非常低强度的振动。它们的伪装策略是将海底的杂质覆盖到自己的外壳上，这样就不容易被别的生物注意到。

Uca pugnax
大西洋泥招潮蟹

体长：2~5 厘米
栖息地：海洋
分布范围：太平洋、大西洋、印度洋

大西洋泥招潮蟹的身体是灰黑色的，螯的颜色略浅。它们挖的洞穴最深能达到30厘米，当感到有危险时，会快速躲进洞穴。它们通常群居，聚集在红树林滩涂、海滨沼泽或者沙滩上。

蜕皮时，它们会一直隐藏，直到新的外壳变硬。雄蟹比雌蟹体形大，螯也比雌蟹的大，在求偶时，螯被用于对抗其他的大西洋泥招潮蟹。雌蟹卵携带在腹部下方，以便之后将它们释放到水中。

水蚤

门：	节肢动物门
纲：	鳃足纲
亚纲：	2
目：	3
种：	900

水蚤的生命很短暂，体形很小，它们绝大部分是淡水生动物。其生命周期只能持续数周，这是由于它们一般生活在临时存在的水体。它们产下的卵可存活很长时间，在干旱的环境里可以存活数年。水蚤的身体被两片壳瓣保护着，这两片壳瓣没有关节相连，使头部能自由活动。在某些物种中，这两片壳瓣可用作卵的孵化器。

Daphnia magna
大型蚤

体长：0.5 毫米
栖息地：淡水
分布范围：非洲、欧亚大陆和北美

大型蚤在临时存在的水塘度过它们短暂的一生。它们能通过挥动触角游泳以移动，而且可以跳跃前行。它们的身体分区用放大镜都不能看清，更不用说通过肉眼识别。它们的身体是透明的。

触角
位于眼睛旁边。它们的触角是其身上唯一突出到甲壳之外的东西。

Artemia salina
卤虫藻

体长：1 厘米
栖息地：盐碱地
分布范围：世界各地

它们存在于世界各地的盐田、临时存在的水塘、含盐度高的湖泊等。它们的身体细长，呈米色或粉色，没有外壳。它们能通过腹部朝上游动，同时拍打胸部的附肢。它们雌雄异体，生殖方式为胎生，但如果外界条件不利于繁殖，它们会产下寿命很长的卵，这种卵能存活 10 年。

门：	节肢动物门
纲：	颚足纲
亚纲：	6
目：	22
种：	2.6 万

桡足亚纲动物及其他

这是一个生物物种异常多样的群体，环境适应性很强。桡足亚纲动物体形很小。它们中有肉食性物种、滤食性物种、寄生在鱼类和蟹类上的物种等。它们中的许多动物的种体内都有少量脂质，用以在水中漂浮。

Lepas anatifera
茗荷

体长：数据缺乏
栖息地：海洋
分布范围：世界各地

成年的茗荷通过一个肉柄依附在海洋中的漂浮物上。它们全身被钙质盾片覆盖，这使它们可以通过坚硬的外骨骼来自我保护。它们的附肢上有刺毛，附肢按照蔓足的模式运动，就会产生流向身体内部的水流。它们是雌雄同体的。

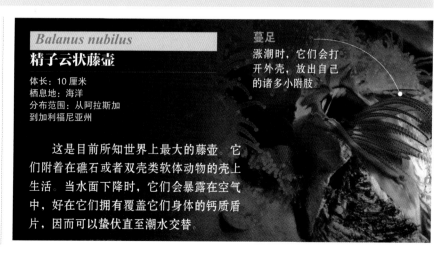

Balanus nubilus
精子云状藤壶

体长：10 厘米
栖息地：海洋
分布范围：从阿拉斯加到加利福尼亚州

这是目前所知世界上最大的藤壶。它们附着在礁石或者双壳类软体动物的壳上生活。当水面下降时，它们会暴露在空气中，好在它们拥有覆盖它们身体的钙质盾片，因而可以蛰伏直至潮水交替。

蔓足
涨潮时，它们会打开外壳，放出自己的诸多小附肢

蜈蚣和千足虫

这一分类的成员包括一些生活在热带或温带潮湿地区的陆生节肢动物。它们分为四类：唇足纲，也就是我们知道的蜈蚣；倍足纲，即所谓的千足虫；以及其他两个纲别——综合纲和少足纲，属于这两个纲的动物身长不超过 8 毫米。它们的身体多由头部和细长的身躯组成，身躯具有多个重复的体节和大量的足。

| 门：节肢动物门 |
| 亚门：多足亚门 |
| 纲：4 |
| 目：22 |
| 种：约1.3 万 |

巨型蜈蚣
麦加拉带状蜈蚣（*Scolopendra cingulata*）的体长可达20 厘米，有21~23 对足。

形态特征

这一类节肢动物一般体形较小，但是也有个别的蜈蚣或者千足虫的体长能达到30 厘米以上。在它们的头部有 1 对触角，起感官的作用；它们还拥有单眼以分辨光线的强弱；它们身体下方具有强大的颌骨，以及与之配合的附肢，从而为处理食物提供了便利。身体的其余部分由一系列重复的体节构成，每一个体节对应 1~2 对附肢（蜈蚣每个体节有 1 对附肢，千足虫则有 2 对）；有由身体侧面或背部开口的气管构成的呼吸系统，以及由背甲和胸甲构成的外骨骼，这既是它们的骨架，又能帮助它们防止身体脱水。

毒素的解剖学研究

蜈蚣用毒素来捕食自己的猎物。这种毒素是由它们头部附近的腺体分泌的，并通过颚或卡钳注入猎物体内。

肌肉和神经
其肌肉和神经构成一种系统，能挤压颚部，通过内部操作将毒素喷出。

毒腺
毒腺位于蜈蚣的头部，呈囊状，能分泌并储存毒液，直到毒液被喷出。

有关节的附肢
每一个体节都有 1 对生在两侧的长长的附肢；最后一对附肢很宽，朝向后方。

触角
它们只有1 对触角，触角上有分节。极少数情况下触角长于体长。

颚足
颚足是蜈蚣的第一对足，具有巨大的有毒的卡钳。颚位于头部下方，相当于口器。

生态

蜈蚣及千足虫在潮湿的环境中更为多见，因为它们的上表皮是可渗透的，只有少数物种能够在半干旱地区生存。它们对于土壤的动态平衡至关重要，能使土壤中的有机物接触空气，从而促进其分解，这有助于营养物质的迁移和吸收。综合纲与灌木落叶形成的腐殖土有关，它们以菌类和腐殖质为食。这些动物大部分都是食残屑的，只有蜈蚣例外，蜈蚣会捕食其他无脊椎动物。有的蜈蚣，比如秘鲁巨人蜈蚣（*Scolopendra gigantea*），甚至能攻击、食用小型脊索动物。

感觉器官

它们适应在黑暗中生活，有单眼，能够辨别光线。它们有避光性，需要避免脱水、躲避天敌。有些物种不具备视力，或者在头部、触角上有眼点，只有少数唇足纲动物具有复眼。它们的触觉、嗅觉和化学感应器官都很发达。

繁殖

一般来说，其受精方式是体内受精：雄性产下精囊并通过各种方式转移给雌性。雄性通常会织出小网，将精囊置于其中交给雌性。雌性会保管精子，并在环境条件适宜的时候，给卵子受精。

Lithobius forficatus
欧洲蜈蚣

体长：14~32 厘米
栖息地：陆地
分布范围：世界各地

它们生活在泥土的最上层，特别是石块和腐烂的树干下方。其体色为红棕色，身体背腹面扁平，头部触角后方有多个眼点连成水平的一条线。它们的身躯由 1 个带有颚足的体节和 15 个带有一对足并带附肢的体节构成。最末一对足比其他足都长，在行走时会保持微微抬起的状态。它们是肉食性动物，以其他节肢动物为食，它们在夜间比较活跃，捕猎活动也是在夜间进行的。它们的毒素的毒性对人类危害并不大，但人被蜇伤后会感到非常疼。

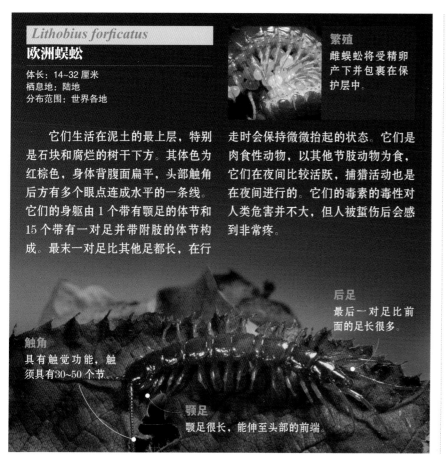

繁殖
雌蜈蚣将受精卵产下并包裹在保护层中。

后足
最后一对足比前面的足长很多。

触角
具有触觉功能，触须具有30~50个节。

颚足
颚足很长，能伸至头部的前端。

Scutigera coleoptrata
蚰蜒

体长：3~5 厘米
栖息地：陆地
分布范围：欧洲，被引入世界各地

蚰蜒的颜色为黄灰色，身上有 3 条纵向的深色线条，成年蚰蜒的身躯由 15 个体节构成，每个体节都有 1 对长而纤细的足和 1 个背部的呼吸孔。最后一个体节有一对很长的足，具有感官的作用。它们是善于埋伏窥探的捕猎者，以其他节肢动物为食，包括昆虫和蛛形纲生物。幼年蚰蜒和成年蚰蜒很相似，但是只有 4 对足，随着蜕皮，体节数会逐渐增加。蚰蜒的卵会产在地面上，并用植被盖住。

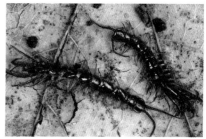

Zoosphaerium sp.
球马陆属

体长：1.5~10 厘米
栖息地：陆地
分布范围：马达加斯加

它们是倍足纲中的一个群体，体形较大，身体特别适合卷曲，能将自己折叠成一个小球，从而保护相对脆弱的附肢和腹部。它们的背甲一直延伸到覆盖住所有的足，蜷缩时只露出背孔和外骨骼。此外，卷曲的体态方便其滚动，可以快速逃离危险。球马陆的种类超过 55 种。雄性和雌性球马陆都具有发声器官，用于呼叫异性。

Glomeris marginata
球马陆

体长：2 厘米
栖息地：陆地
分布范围：欧洲

它们生活在草皮、枯枝落叶中，并以这些物质为食。它们外表呈深棕色或黑色，后部边缘呈浅棕色或灰色。它们的身体由 12 个体节构成，横截面呈穹顶形。它们类似于潮虫（甲壳亚门），但比潮虫多很多对足，它们的第一节体节最大，最后一节体节比前面的体节都粗壮，这样的结构方便蜷起时把头部覆盖住。它们的腺体能分泌一种化学成分，其气味和味道都令人不悦。它们能够忍受较低的湿度。雄性球马陆能产生信息素，并具有发声器官，并以此吸引雌性。幼虫在孵化之前会经历一次蜕皮。

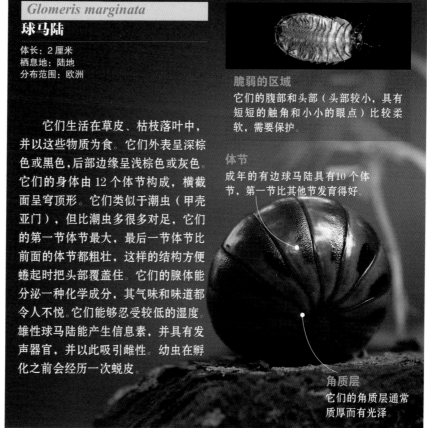

脆弱的区域
它们的腹部和头部（头部较小，具有短短的触角和小小的眼点）比较柔软，需要保护。

体节
成年的有边球马陆具有10个体节，第一节比其他节发育得好。

角质层
它们的角质层通常质厚而有光泽。

昆虫

昆虫属于无脊椎动物中的节肢动物，种类繁多、形态各异，是地球上数量最多的动物群体。包括蜜蜂、蝴蝶、蚂蚁和甲虫在内的许多动物都属于昆虫。

一般特征

六足节肢动物具有 6 个运动附肢（步足），身体分为 3 个体区。其身体被防水的外骨骼覆盖，通过与气管系统连通的气孔进行呼吸。昆虫是动物世界中个体数量最多的群体，其数量占我们已知物种的 65%。地球上所有类型的栖息地都有它们的存在，只有海洋中昆虫种类较少。

| 门：节肢动物门 |
| 亚门：六足亚门 |
| 亚纲：304 |
| 科：约1000 |
| 种：约100 万 |

蟑螂
所有六足节肢动物，如苏里南蟑螂（*Pycnoscelus surinamensis*），都具有3 对足，它们的身体分为头部、胸部和腹部。

外部构造

昆虫的身体分为 3 个区域：头部、胸部和腹部。头部长有 1 对触角、1 对复眼、单眼或眼点以及根据饮食而改变的口器。其胸部分为 3 个体节，每一节都有 1 对足。足的形态及功能根据需要各有不同：行走、挖掘、捕猎或者花粉采集。昆虫可能具有 1~2 对翅膀，翅膀是由延伸的薄片状的角质层构成的，翅膀的脉络具有加厚的角质，其内侧具有神经线、气管和血淋巴。不同昆虫的翅膀的形态及功能各不相同。有些物种的翅膀是膜状的。有的物种，比如甲虫，它们的一个翅膀会硬化，对腹部起到保护作用（这种叫作鞘翅）。蝗虫等物种的翅膀是半硬化的，而蝴蝶的翅膀是覆盖着鳞片的。对它们来说，其中一对翅膀也是可以复位、作为平衡棒使用的，这种特征跟双翅目昆虫（苍蝇等）相同。它们的腹部具有后生殖孔，没有步足，但可能具有生殖的结构。六足亚门下的

目类分类标准主要以翅膀的结构、口部、足部和变态过程为依据。

消化和排泄

昆虫的消化系统由多个部分组成。前肠具有唾液腺、上颌窦腺、用来储存食物的嗉囊以及磨碎食物的结构。中肠能分泌消化酶，通过"盲管"吸收食物中的营养物质。后肠则由直肠腺负责食物中水分和离子的重复吸收，后肠和马氏管（专门的排泄结构）连通。

呼吸和循环

昆虫的心脏具有心孔，一根背侧气管自胸腔向前延伸至前端主动脉，主动脉将血淋巴输送至头部，之后通过圆孔从体腔（血腔）返回。能飞行的昆虫除此之外还拥有胸部的搏动器官（负责把血液输送到翅膀中），这种器官也见于较长的附肢中。呼吸系统中包含通过开口从外界直接接收氧气的气管，这种开

适用于不同用途的足

节肢动物的足的形态和足的用途与其栖息地密切相关。有的昆虫足部具有触觉和味觉的感官。

| **步足** | **跳跃足** | **游泳足** | **挖掘足** | **采集足** |
| 蟑螂 | 蚱蜢 | 龙虱 | 蝼蛄 | 蜜蜂 |

飞行

无脊椎动物中，昆虫是仅有的一类具有翅膀能够飞翔的生物。翅膀是由胸背部的外突发育的。除了蜻蜓等几类昆虫，大部分物种能将翅膀折叠在腹部。

后翅

直立状态
蜻蜓的翅膀只能保持平面状摇摆，不能折叠到腹部。

头部
胸部
腹部

气门
小小的气管的入口。

尾部附属物
雌性蜻蜓尾部会形成产卵器。

身体分区
昆虫的身躯分为三部分：头部（5个体节）、胸部（3个体节）和腹部（最多达11个体节）。

胸部
眼睛
触角
爪
跗节
胫节
股节
足

翅脉
翅脉的存在使翅膀更加结实。

蓝晏蜓
Aeshna cyanea

口叫作气门。气门可能具有气门腔、毛发或者小刺，这些结构能防止异物和寄生虫进入。气门后方，气管分成精密的、内部具有液体的分支（微气管），它们直接与细胞相通。小型昆虫可以通过体壁进行呼吸。水生昆虫的幼虫或若虫，其气孔会向外延伸成管状，或者具有气管鳃。

神经系统

昆虫的神经系统包括腹神经索和大脑。它们的大脑分为三部分：前脑、中脑和后脑。前脑支配视觉中枢；中脑控制触角；后脑控制大部分味觉和嗅觉接收中枢。昆虫具有一个脑下神经节以及与胸腺协同工作的腺体，它们控制昆虫的生长和变态。昆虫可能具有单眼和复眼（眼点）及多种感官结构（感觉毛等），这些感官结构被分组从而形成不同的器官：机械感受器、声音感受器和化学感

受器。此外，它们也可能具有发声器官（蝉、直翅目昆虫）。

繁殖与发育

大多数昆虫是雌雄异体的，其繁殖通过体内受精的有性生殖或无性生殖进行。昆虫的发育方式分为两种：具有半变态特性的昆虫的发育是渐进式的，幼虫和成虫之间没有显著的区别；而全变态类的昆虫在生长过程中会发生完全变态，经过卵、幼虫和蛹3个阶段后才会成为成虫。

昆虫的重要性

昆虫为人类做出了很多贡献，它们能生产蜂蜜、动物蜡、蚕丝和染料。昆虫还被应用于法医医学以及农业病虫害的生物控制技术。食腐的昆虫也大有用途，食腐昆虫指的是以死去的植物、动物尸体及排泄物为食的昆虫。它们中的有些种类能帮助改善土壤结构、增加土壤中

的有机物含量，另有一些昆虫能够参与授粉。有些昆虫以田地中的杂草为食。此外，昆虫还可以直接被人类食用。昆虫的危害主要是由食用植物的昆虫、寄生（幼虫或成虫）、"害虫"及导致疾病传染的昆虫造成的。

孤雌生殖

蚜虫（蚜科）的繁殖很简单，雌性蚜虫会持续性地繁殖出雌性后代，从来不存在有性繁殖。

肿管双尾蚜
Cavariella aegopodii

感觉器官

昆虫通过自身的感觉接收器获取周围环境的信息。然而，昆虫的感觉接收器和人类的非常不同，所以昆虫对世界的感知也很不同，让人很难想象。有的昆虫能看到人眼不能识别的波长，有的则是通过化学信号来感知周边环境的。

复眼

昆虫的眼睛叫作复眼，因为它们的眼睛是由数千个单元组成的，每个单元的功能都和一只独立的眼睛相同。每一个单元就是一只小眼，它们能捕捉到视野中极小的一个区域。完整的视野是由数以千计的不同小眼的"点"汇集构成的。小眼的数量决定了视力的敏锐程度。因此，那些活跃的捕食者，例如蜻蜓，其小眼数量非常多。

1万

1万只小眼才能构成蜻蜓的1只复眼。

感觉毛

感觉毛是触觉感受器。昆虫拥有大量的感觉毛，它们分布在全身各处。

触角

触角的末端有一根羽状刚毛，苍蝇通过这个触角芒探测空气轻柔的运动，甚至包括某些声音导致的空气流动。

对黑暗环境的适应

a、b、c 三点代表入射的光束。色素细胞会根据可用光的量，决定每一个光束能进入一只或是多只小眼。

白天的视线

眼睛的色素细胞沿小眼分布。色素细胞的作用相当于屏幕，能够阻止光线进入相邻的小眼。这样它们就能限制光线进入感杆束。

晶锥细胞
色素细胞

感杆束

夜晚的视线

色素细胞会集中在一个区域，使光线能从一只小眼进入到另一只小眼。这有利于更多的光线进入每一个感杆束，从而能够更好地利用仅有的光线。

晶锥细胞
色素细胞

感杆束

隐藏的标记

人类肉眼看不见紫外线，但对蜜蜂来说，紫外线为它们标示出了哪些花朵有花蜜。

视野

苍蝇能探测到它们周围环境中最细微的动态，甚至包括它们身后的动态。

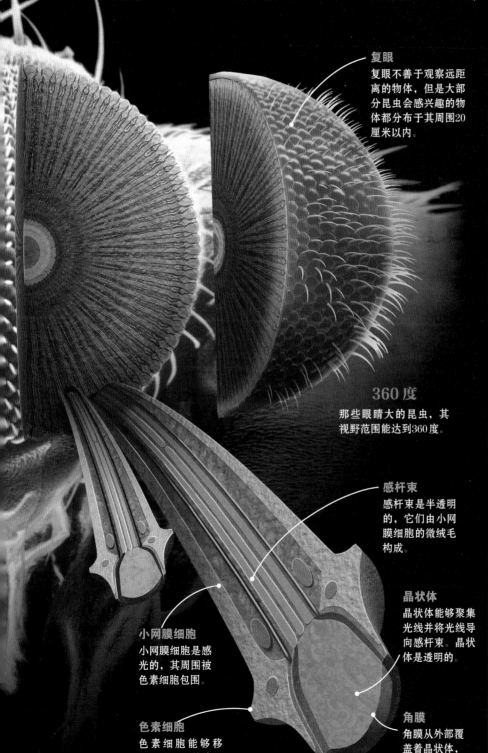

复眼

复眼不善于观察远距离的物体，但是大部分昆虫会感兴趣的物体都分布于其周围20厘米以内。

360度

那些眼睛大的昆虫，其视野范围能达到360度。

感杆束

感杆束是半透明的，它们由小网膜细胞的微绒毛构成。

小网膜细胞

小网膜细胞是感光的，其周围被色素细胞包围。

晶状体

晶状体能够聚集光线并将光线导向感杆束。晶状体是透明的。

色素细胞

色素细胞能够移动，从而调整接收光线的数量。

角膜

角膜从外部覆盖着晶状体，并且是外骨骼的一部分。

感觉接收器

感觉接收器多分布于头部和足部，但也可能分布在全身各处。昆虫通过这些接收器感知气味、口味、声音、压力以及气温等。

鼓膜

鼓膜由一个空气腔室和一个薄膜构成，薄膜会随着声波振动。对飞蛾来说，接收声波对于防范它们的天敌(蝙蝠)是必不可少的，它们可以接收到蝙蝠的尖叫声。

触觉

感受器是所有昆虫都具有的结构，它们由一层角质组成，与一个或多个感觉细胞相关联。它们能接收不同的刺激。大部分昆虫的触觉感受器都以感觉毛的形态存在。

化学感受器

许多感受器擅长捕捉和识别特定的分子。从这种意义上说，这些感受器作为嗅觉存在。蚂蚁的化学感受器非常发达，因为它们是通过化学信号来感知世界的。

饮食

昆虫极其丰富的物种多样性一定程度上得益于其适应能力，它们已经适应了所有你能想到的食物。昆虫的食物包括硬质的木头、腐烂的物体以及其他动物的排泄物。它们的口器已经从最基础、最原始的形态得到演变，其结构根据其摄食方式得到了改良。

多样而高效

细齿、钳子、针、喙、吮吸管和吮吸泵……这些都是我们可能在昆虫小巧但强大的口器中发现的结构。昆虫口器的基本形态是咀嚼式口器，这种口器所有的部件都还存在，形态原始。最专门化的口器，比如蝴蝶的口器，可能只具有原始口器的几个部件，且经过了高度改良。

24 小时

蝗虫吃掉与它们体重相等的食物所消耗的时间。

触角

眼睛

须肢
须肢是上颌骨的外部延伸，其节与节之间以关节相连。

上唇
这是头部的延伸，上唇构成口腔的前部。

咀嚼器官

口器为咀嚼式的昆虫分为草食性（如蝗虫）的和肉食性（如甲虫）的。它们的颚很强壮，大多带有小型细齿。颚像钳子一样工作以便把食物弄碎。上颌的须肢和唇部的须肢能帮助固定食物。

4 厘米

具角鱼蛉的颚长4厘米，这差不多是它们身体长度的一半。

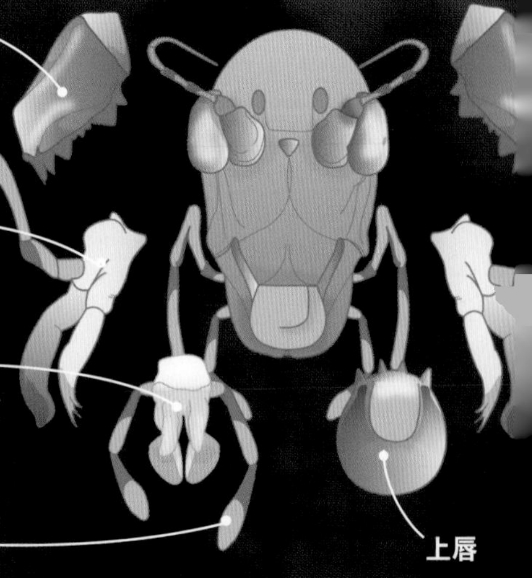

蝗虫
蝗科。以叶子为食，食量巨大。

颚
颚的尺寸和力量与昆虫摄取的食物种类有关。

下颚须

上颌骨
上颌骨构成了口腔的侧壁。

唇
唇构成了口腔的底部。

下唇须
下唇须的功能和下颚须相同。有些昆虫只具备这两种须肢中的一种。

上唇

牛虻
它们用锋利的颚割开皮肤，用一个吮吸器吸血。

雄蚊子
雄蚊子不同于食血的雌蚊子，它们以蔬菜汁为食。

适应性的优点

许多昆虫幼虫的食物和其成虫的食物大不相同。例如蜻蜓，它们的幼虫在水中生活、在水中取食，而成年蜻蜓在空中捕食。这种区别的好处在于，能够避免同一物种的幼虫和成虫之间食物竞争。

毛虫
蝴蝶的幼虫具有咀嚼式口器，以树叶为食。相反，蝴蝶成虫具有虹吸式口器，它们用喙吮吸花蜜，并以此为食。

策略

有的昆虫食谱中的食物很多样，也有的昆虫只摄取单一的食物。后者的口器高度特化，其结构非常适合食用这种单一食物。

喙
喙是一根精巧且细长的管状物，能伸到花朵内吮吸花蜜。喙由两块融合在一起并拉长的上颌骨构成，当昆虫不进食的时候，喙保持卷曲的状态。

工蜂
工蜂的上颌骨和下唇须构成一根管和用于舔食蜂蜜的舌头。为了吃到花粉，蜜蜂会用颚清洁蜂巢，它们的颚形似勺子。

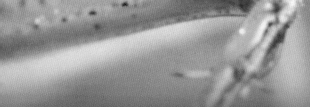

吮吸式口器

拥有吮吸式口器的昆虫以液体为食。蝴蝶的口器是虹吸式的，呈长管状，用于吸食花蜜。蚊子和部分半翅目昆虫的口器是刺吸式的，除了管状结构，还具有锋利的端口，可用于刺破组织。

虹吸式口器
蝴蝶

刺吸式口器
半翅目昆虫

触角
颚
上颌骨
嘴唇
下唇须
上颌骨

舔吸式口器

许多苍蝇的唇向外扩展，这种唇瓣是由细小的管道构成的，它们像海绵一样，将液体吸入嘴巴。有的苍蝇能分泌唾液，便于在进食前软化食物。

苍蝇
触角
下颚须
嘴
唇瓣

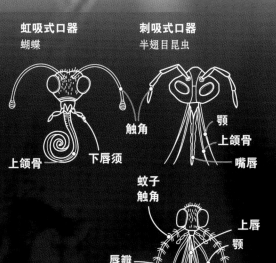

蚊子
触角
上唇
颚
唇瓣
上颌骨

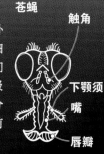

30 厘米
非洲长喙天蛾（*Xanthopan morganii praedicta*）的喙可长达30厘米。

3 倍
螫蝇（*Stomoxys calcitrans*）能吸食3倍于自身重量的食物。

蜻蜓、蟋蟀及其他

门：	节肢动物门
纲：	昆虫纲
目：	蜻蜓目和直翅目
科：	58
种：	约3.08万

蜻蜓是一种捕猎者，它们腹部细长呈圆柱形，头部比身躯略宽，头上有2只巨大的复眼。蜻蜓有4对狭长的膜翅，非常善于飞行。直翅目昆虫具有咀嚼式口器，其成长过程为不完全变态。直翅目的许多物种第三对足非常发达，适用于跳跃。

Libellula saturata

火焰蜻蜓

体长：52~61毫米
栖息地：陆地
分布范围：北美洲

雄性火焰蜻蜓呈明亮的橙色，靠近身躯的半边翅膀的颜色为黄褐色。它们的胸部呈红褐色，没有条纹。雌性的颜色比较平淡。火焰蜻蜓居住在天然的或人工的小型水体中，有时候也会靠近温泉的源头。成年火焰蜻蜓

在空中捕食小型昆虫（蚊子、苍蝇、会飞的蚂蚁和白蚁）。火焰蜻蜓的若虫叫作稚虫，它们躲在停滞的水体底部窥探猎物，它们食用非常多样的水生昆虫，比如蚊子幼虫、水生蝇蛆、淡水虾、小鱼和蝌蚪等。雌雄蜻蜓交配（在5~9月之间）之后就会分开。雄性蜻蜓会守护领地，同时雌性蜻蜓将卵产在水里。成熟后，幼虫会离开水体，攀到植物上，变为成虫。

辨别
蜻蜓的翅膀总是保持水平，这个特点可以用于区分蜻蜓和螅。

翅膀
蜻蜓的翅脉很明显，色彩感强

Lestes sponsa

桨尾丝螅

体长：38毫米
栖息地：陆地
分布范围：欧洲和亚洲

桨尾丝螅呈现金属绿色。雄性随着生长，其部分体节和眼睛会变成蓝色。静止的时候，它们的翅膀展开，同身躯呈45度夹角。它们生活的水域通常有灯芯草等植被。雌性桨尾丝螅会刺穿水生植物的组织，然后产下卵。

Acheta domestica

家蟋蟀

体长：16~21毫米
栖息地：陆地
分布范围：源自亚洲，现存于世界各地

家蟋蟀呈棕黄色，其翅膀覆盖着腹部并向后投射。它们能发出一种日常的叫声（尖声鸣叫）和另一种比较复杂的求偶的叫声。其若虫和成虫全年都能见到。蟋蟀不冬眠，为了度过严冬，它们通常会到民居附近躲避。幼年蟋蟀和成年蟋蟀很相似，但是幼年蟋蟀没有翅膀，体形较小。

Chorthippus brunneus

褐色雏蝗

体长：14~25毫米
栖息地：陆地
分布范围：欧洲和亚洲

褐色雏蝗是一种飞行昆虫，生活在开阔、土壤干旱的环境中。其颜色多为黄褐色和黑色，这种保护色使它们与所处环境融为一体。它们在许多种环境条件中都能保持接近最佳的体温。雄性华北雏蝗能发出多种鸣叫声，以吸引和刺激雌性雏蝗。

螳螂、白蚁及其他

门：	节肢动物门
纲：	昆虫纲
目：	3
科：	约20
种：	约7600

等翅目的昆虫（白蚁）具有社会性行为，它们生活在复杂的群居社区，成员具有任务分工。竹节虫目的成员（竹节虫）可能有翅，也可能无翅，其身躯形似树叶或树枝。螳螂目的昆虫（螳螂及相似的昆虫）是肉食性动物，它们埋伏以待，用前肢猎取食物。

Mantis religiosa
薄翅螳螂

体长：90~120 毫米
栖息地：陆地
分布范围：欧洲，被引入北美

薄翅螳螂生活在开阔的、阳光充足的地带，比如山坡和林中空地。它们的身体细长，呈绿色、棕色或淡黄色。它们的前胸背板和"脖子"很长。它们的前肢呈钳状，用于捕猎；后面的足用于行走。它们的头部非常灵活，有2只复眼非常发达。此外，它们还具有3只单眼。螳螂通常在夏季交配，雌性螳螂会吞食掉雄性螳螂身体的一部分，这是使卵受精的必要过程。

前肢
前肢上带有坚硬的锯齿，可以用来抓住并固定猎物。

策略
捕食时，螳螂会并拢前肢，等候猎物到来。

Reticulitermes flavipes
散白蚁

体长：4~5 毫米
栖息地：陆地
地点：世界各地

散白蚁是一种社会性昆虫，它们群居的社区由少数几只成年散白蚁（蚁王和蚁后）和占绝大多数的雄性和雌性未成年散白蚁构成。散白蚁巢穴位于地下，位置不固定，通常位于食物附近或腐烂的木材中。散白蚁的群体中分为各种阶层，每个阶层由身体构造各不相同的个体构成，以完成群落中不同的分工。工蚁和兵蚁是未成年散白蚁，分雌雄性，兵蚁负责防御，其特点是头部较大，具有长而坚硬的颚（口器）。负责繁殖和建立新巢穴的是成年散白蚁，颜色较深。散白蚁对于自然环境至关重要，因为它们能参与纤维质成分的分解，促进其回归土壤。

食物
根茎、树干、枝叶、树皮等都是散白蚁的食物

Diapheromera femorata
普通竹节虫

体长：55~101 毫米
栖息地：陆地
分布范围：北美洲

普通竹节虫身体细长，有光泽，具有长长的触角。它们生活在阔叶林中。成虫以栎树（麻栎属）叶为食，幼虫则以栎树下的植被和林中灌木为食。普通竹节虫在秋天将卵产在地面上，这些卵会在春天孵化。

甲虫

门：	节肢动物
纲：	昆虫纲
目：	鞘翅目
亚目：	4
种：	约35万

这是昆虫纲中物种最丰富的一个目类。鞘翅的意思是"具有护套或罩子的翅膀"，指的是转化为鞘翅（外壳坚硬、防水）的前翅，鞘翅覆盖并保护着甲虫的腹部和膜翅。它们的身体是硬化的，性器官位于身体内部。它们具有咀嚼式口器、发达的颚，以及两只复眼。

Mormolyce phyllodes
小提琴步甲

体长：76 毫米
栖息地：陆地
分布范围：东南亚

身体形态
它们的身体下陷，这种身体形态是为了方便在植被下方寻找食物。

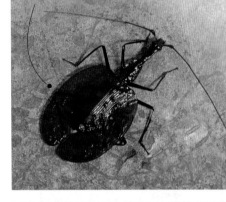

小提琴步甲的身体非常扁平，颜色为棕色或黑色。它们的头部很长，两只眼睛很突出，具有强壮的颚，颚呈弓形，中间带有牙齿。它们具有线状的长触角，触角包含12个关节，其中第一个关节比其他关节粗壮。上颌须肢细长，嘴唇近似圆形。它们的鞘翅很大，接近膜状，向后延伸至超过身体的长度，并向两侧延伸出很宽，鞘翅背面的身体是裸露的。小提琴步甲的足又细又长。

这种生物主要生活在潮湿的树林中，它们与老树干关系密切。它们能用具有腐蚀性的分泌物进行自卫。

产卵后，幼虫孵化并以幼虫状态生活8~9个月；发生变态后，它们以蛹的状态生活8~10周；它们的幼虫状态和蛹的状态是热带昆虫中持续时间较长的。

Euchroma gigantea
帝王吉丁虫

体长：55 毫米
栖息地：陆地
分布范围：墨西哥、中美洲和南美洲

帝王吉丁虫的身体高度硬化，头部回缩在前胸部中，只有眼睛露在外面；前额扁平，额面与地面垂直，触角呈锯齿状。它们体形较大，呈现有光泽的金属色，是收藏家眼中的热门收藏品。帝王吉丁虫对经济能产生重要影响：它们会钻透植物的木质部（植物的组织），严重妨碍果树的生长。雌性帝王吉丁虫在12月到次年3月间将卵产在树皮的裂缝中。一只雌性帝王吉丁虫至多能在10棵树上产卵，平均每棵树产4个卵团。在大约19天后，幼虫从卵中孵化出来。幼虫穴居，它们能到达植物的根系处。

Coccinella septempunctata
七星瓢虫

体长：7~8 毫米
栖息地：陆地
分布范围：欧亚大陆和非洲。被引进到北美地区

七星瓢虫的身体是卵圆形的，截面呈穹顶状。它们的鞘翅是红色或橙色的，上面有7个黑点，这种特征赋予了它们"七星瓢虫"的名字。它们将卵产在植物的叶子上，卵的直径约为1毫米。卵长至成熟需要2~3周。孵化出的幼虫颜色较暗，身上带有些许浅色的斑点，具有3对突出的足。根据可获得的食物数量，幼虫在10~30天的时间里，体长会增加1~4.7毫米，它们为了寻找猎物（蚜虫），每天能移动10米以上的距离。之后它们会进入蛹期，这一阶段会持续3~12天。在不同的气候条件和可获取的食物数量下，成年七星瓢虫能生活数周乃至数月。它们捕食多种蚜虫和同翅亚目昆虫，在任何有蚜虫等出没的植物上都能发现七星瓢虫的踪迹。尽管如此，七星瓢虫还是比较偏爱蔬菜上的蚜虫。它们也会食用自己的卵。

Dynastes hercules
长戟大兜虫

体长: 40~170 毫米
栖息地: 陆地
分布范围: 中美洲和南美洲

头部两侧扁平,前胸背板向前延伸,形成一个略拱的长胸角,其长度超过头角。腹部和足部乌黑发亮,鞘翅呈黄绿色或灰绿色,上面有分散的不规则的黑点。雌性甲虫体形较小,身体颜色为深咖色,身上有一块红色的区域,没有头角和胸角。它们生活在热带次生森林或山地森林中。

Pyrochroa coccinea
赤翅萤

体长: 14~18 毫米
栖息地: 陆地
分布范围: 欧洲

赤翅萤因其身体鲜红明亮的颜色而得名,其胸部和鞘翅尤为鲜艳。这种色调能够警告其潜在的天敌它们有毒。它们的头部、触角和足部是黑色的。其幼虫身体扁平,这是一种对环境的适应,方便其生活在松散的树皮下面或腐烂的木头中。幼虫呈黄棕色,是肉食性动物。成虫居住在森林地带,在绿色的叶片上时非常明显,它们习惯生活在花朵上。

Staphylinus olens
排臭隐翅虫

体长: 22~33 毫米
栖息地: 陆地
分布范围: 欧洲和非洲,被引入北美地区

排臭隐翅虫的身体呈黑色,布满小点。触角嵌在两只眼睛之间。排臭隐翅虫的附节膨大,雄性这一特征更突出。鞘翅很小,将柔软的、粗胖的腹部暴露在外面,这种结构使它们能抬起头部,表现出一种攻击、防御皆可的姿态。它们拥有一个用于自我保护的臭腺,是夜间活动的捕猎者,通常被发现于树干底部或垃圾堆中。它们的幼虫和成虫很相似,但是毛发更多,其幼虫也以节肢动物为食。

Trachelophorus giraffa
长颈鹿象鼻虫

体长: 12~25 毫米
栖息地: 陆地
地点: 马达加斯加

雄性长颈鹿象鼻虫的"长脖子"垂直向上抬起,脖子前段弯曲成直角,水平向前延伸。最前端是小巧的头部和多毛的触角。它们的身体颜色为黑色,鞘翅颜色为红色。它们生活在森林里,是草食性动物。产卵时,雌性象鼻虫等待雄虫用"脖子"将树叶卷成袋子状,然后将卵产在这个袋中;幼虫孵化出来后,就以这个树叶袋子为食。

Luciola cruciata
源氏萤火虫

体长: 15 毫米
栖息地: 陆地
分布范围: 日本

雌性源氏萤火虫有翅膀,这和其他多数种类的雌性萤火虫不同。雌虫能够产生生物光,这是一种由酶反应引起的现象。雄虫同步地发出闪烁光。在求偶结束后,雄虫和雌虫聚集到一起,雌虫将卵产到水里,之后虫卵会发育成幼虫。源氏萤火虫是肉食性掠食动物,它们被用于对放逸短沟蜷(*Semisulcospira libertina*)等蜗牛的生物控制。

Goliathus goliathus
大角金龟

体长: 50~110 毫米
栖息地: 陆地
分布范围: 非洲

大角金龟的背部盾片和鞘翅上有黑色的条纹。雄虫的头部具有一个"Y"形触角,它们在和其他雄虫战斗时把触角用作杠杆。大角金龟生活在热带丛林里,它们主要以植物汁液和水果为食。它们的幼虫需要数月时间才能完全成熟;它们会建造一个有盖的茧,并在其中经历蜕变(蛹)过程,在这之后发育为成虫状态。

蝴蝶

| 门：节肢动物 |
| 纲：昆虫纲 |
| 目：鳞翅目 |
| 科：127 |
| 种：约17.5万 |

成年蝴蝶的口器是一根卷起的长管，用于取食花蜜，而蝴蝶的幼体（毛毛虫）以树叶为食。蝴蝶的翅膀被鳞片覆盖。日间活动的蝴蝶多拥有鲜艳的颜色和精致的丝状触角；而夜间活动的蝴蝶或飞蛾的颜色却没那么醒目，触角为羽毛状。

Lasiocampa quercus
黄带枯叶蛾

体长：40 毫米
栖息地：陆地
分布范围：欧洲

性别二态性
雌性体形比雄性的大，它们的两翼全长45~75毫米。

由于枯叶蛾生存环境的多样性和其自身的可变性，目前有记载的枯叶蛾已有很多种。雄性黄带枯叶蛾是红褐色的，它们每一对翅膀上都有一条黄色的线条，前翅上有一个白色的斑点，触角是双色的；雌性黄带枯叶蛾呈棕色，拥有和雄性相同的斑点。雄性在白天活动，而雌性则是夜间活动、白天休息。

飞行期
在夏天的5~9月。

Actias luna
月形天蚕蛾

体长：70 毫米
栖息地：陆地
分布范围：北美洲

月形天蚕蛾翅膀为半透明的浅绿色，前端边缘颜色较深。后面的一对翅膀有细长的延伸，翅膀中间各有一个斑点。它们是夜间活动的生物，能利用自己的形态和颜色对植物的叶子进行拟态。月形天蚕蛾的繁殖根据其生活的纬度不同而有所变化。在北极地区，月形天蚕蛾1年能繁殖1次后代；而在美国南部，

它们1年能繁殖多达3次后代，每代之间间隔8~10周的时间。它们将卵产在叶片的背面，卵根据气温和湿度，在8~10天内孵化出幼虫。

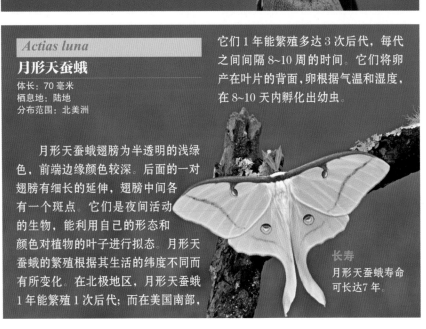

长寿
月形天蚕蛾寿命可长达7年。

Zygaena filipendulae
六星灯蛾

体长：40 毫米
栖息地：陆地
分布范围：欧洲

六星灯蛾的雄性和雌性区别较小。它们的前翅颜色为紫色乃至黑色，上面有 6 个鲜艳的红色斑点；后翅为红色，其边缘为黑色。六星灯蛾的两翼全长在30~40毫米之间，它们还拥有 1 对又长又黑的触角。个别的六星灯蛾，其身上的红色部分被黄色替代。它们身上的颜色意味着它们具有一定的毒素，比如含有锌的化合物，如果其他动物误食了六星灯蛾，可能会对其产生一定影响。

尽管它们看起来像夜间活动的昆虫，但实际上它们是在日间活动的，它们在夏季炎热及晴朗的日子里飞行。它们的幼虫很健壮，身上覆盖有绒毛。绒毛的颜色黄中带绿，并有两条沿着背部排列的黑色条纹。冬天，六星灯蛾处于蛹期，生活在植物之间，变态后就以这些植物为食，例如百脉根（*Lotus corniculatus*）和三叶草。

Morpho peleides
黑框蓝闪蝶

体长：11~15 厘米
栖息地：陆地
分布范围：中美洲和南美洲

卵
黑框蓝闪蝶的卵呈淡绿色的水滴状，雌蝶将卵一枚一枚地单独摆放。

黑框蓝闪蝶的各个群体，其个体翅膀上蓝色的面积大小各有不同。翅膀的边缘颜色很深，上面有眼状斑纹。蓝闪蝶能生活在海平面至海拔1700米的高空。它们在树林中沿着既定的路线低空飞行，经过林间小路和溪流。它们飞行速度慢，但由于路线曲折不定，反而不易被捉住。有时候几只蓝闪蝶会在一起飞行。在应激反应时，蓝闪蝶能通过快速晃动发光的翅膀迷惑敌人（例如鸟类），从而避开攻击。它们的幼虫有红色和黄色的斑点，长度可达9厘米。蓝闪蝶的寿命能达到115天，它们以花朵和果实为食。

翅膀的颜色
黑框蓝闪蝶的翅膀的颜色不是色素造成的，而是光学作用下产生的彩虹色。

栖息地
黑框蓝闪蝶生活在丛林的阴影中，但它们也会飞到有阳光的林间空隙处调节自身的温度。

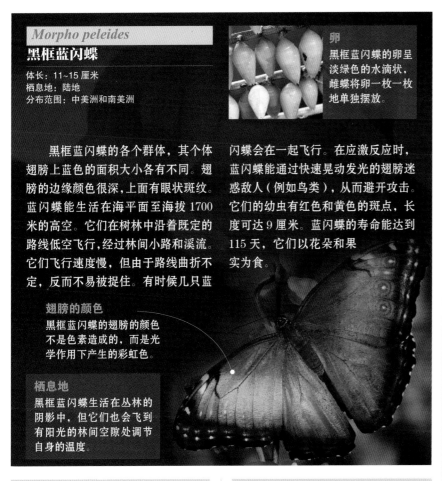

Caligo idomeneus
细带猫头鹰环蝶

体长：70~80 毫米
栖息地：陆地
分布范围：南美洲北部

细带猫头鹰环蝶的名字缘于翅膀上巨大的眼孔斑，这些眼孔斑帮助细带猫头鹰环蝶迷惑它们的敌人，让敌人的攻击偏离要害部位，转而攻击身体不那么脆弱的部分。它们是南美洲体形最大的蝴蝶之一，翅膀的背面是彩虹色的，有蓝色色调，上面还有一条精致的白色线条，翅缘呈黑色。而翅膀正面模拟了树皮的色彩，呈棕灰色。细带猫头鹰环蝶的翼展达11~14厘米。它们生活在亚马孙地区。

Iphiclides podalirius
旖凤蝶

体长：70 毫米
栖息地：陆地
分布范围：亚欧大陆

旖凤蝶的翼展能达到8厘米，是欧洲体形较大的蝴蝶种类之一。它们的翅膀上有白底或黄底的淡黑色条纹。后翅上各有一个巨大的蓝色眼状斑点和一根尾带。雌性旖凤蝶比雄性体形大，根据所处的纬度不同，雌性一年能繁殖1~3次。

Zerene eurydice
桃色花粉蝶

体长：18 毫米
栖息地：陆地
分布范围：美国西部

桃色花粉蝶体形很小，飞行速度很快。它们翅膀上的图案看起来像小狗的脸，其通用名（加利福尼亚狗脸蝴蝶）也由此得来。前翅为黑色，中央部分为玫瑰色。后翅为黄色。它们生活在干旱的荒漠中。成虫多以堇菜科植物的花蜜为食。雌性花粉蝶把卵产在加州紫穗槐（*amorpha californica*）上，而幼虫只食用紫穗槐的叶子。

Phoebis sennae
黄菲粉蝶

体长：20 毫米
栖息地：陆地
分布范围：美洲

成年黄菲粉蝶的颜色为黄色调，雌性的下部有黑色斑点。它们的翼展能达到63~78毫米。黄菲粉蝶生活在开阔的空间，如花园、海边和水体附近。它们的幼虫是淡黄色或绿色的，全身分布着数个黑色小点。它们习惯昼伏夜出，在寄宿的植物上建造一个隐蔽的囊，白天就躲藏在里面。

变态

变态是有些动物在发育过程中经历的身体形态和功能的转型。这种变化是渐进的，在动物出生到成年的过程中分多个阶段发生。不同种类的昆虫，其变态过程可能是不完全变态的（半变态型）、完全变态的（完全变态型）或者缺失的（无变态型）。

复杂的转变

80%的昆虫在生命过程中要经历完全变态。在发育过程中，它们要经历数次生理和结构上的转变，被称为蜕皮。不同的昆虫，蜕皮的次数也各不相同。当昆虫处于蛹的阶段时，它们不进食，行动不活跃。在这个复杂的过程中会有消化酶的介入，它们使幼虫的组织被破坏，进而生成新的细胞种类。黑脉金斑蝶（*Danaus plexippus*）就是一个完全变态的例子。

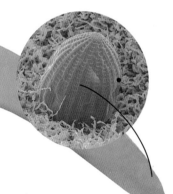

渐变态或不完全变态

渐变态或不完全变态是指昆虫不经过蛹期或不活跃期。从外表看，不成熟的阶段（若虫）只是成虫的缩小版。在最后一次蜕皮时，昆虫会完成翅膀的发育，生殖器官和第二性结构会分化出来，肌肉会增加，神经系统得到重组。

帝王伟蜓
Anax imperator

A 卵
水生阶段。雌性帝王伟蜓将卵产在探出水面的植被上。

B 若虫
若虫的长度为4.5~5.5厘米，它们以小型甲壳纲动物和小鱼为食。

① **从卵中孵化**
每只雌性黑脉金斑蝶一生中能产下300~400枚卵，它们的重量不足0.5毫克，含有一种重要的蛋白质组成成分，这种成分来自雄性在幼虫阶段摄入的营养物质，或者由雌性在交配过程中从雄性处获得。

4~8 天
卵孵化所耗费的时间。

5 次蜕皮
黑脉金斑蝶在成熟之前会经历5次蜕皮。每次蜕皮时，它们的外骨骼都会根据生长的进度得到更换。

伪装
蝶蛹的茧的形状、纹理及颜色具有伪装作用，使敌人不能轻易注意到蝶蛹的存在，从而自保。茧的形态通常类似树叶或粪便。

臀棘
这是黑脉金斑蝶幼虫腹部的附肢或尾刺，幼虫用它们将自己倒挂在植物上。

9~15 天
黑脉金斑蝶以幼虫的状态生活的时间。

② **幼虫或毛虫**
卵孵化后，进入幼虫阶段，幼虫会把卵壳吃掉。在这个阶段的幼虫会进食，并会努力储存更多的能量，以便推进剩余的变态进程。

③ **蛹（蝶蛹）**
蝶蛹外面有一层金色或绿色色调的覆盖物，被称为茧。蝶蛹在茧中不活动、不进食，但是具有极强的生理活性，这种活性促使其在茧中进化到最终形态。

8~15 天
蝶蛹状态持续的时间。

外骨骼
这种条纹的外观花纹预示着它们的毒性，这种毒性来自于它们食用的植物。

环境
环境和行为的变化都与昆虫的变态息息相关。

激素
激素负责调节昆虫生长、蜕皮和变态的进度。

C 成虫
交配时，雄性帝王伟蜓会用肛门附近的附肢将雌性固定住。

成虫，也就是蝴蝶

和雌性黑脉金斑蝶不同，雄性黑脉金斑蝶具有香鳞，香鳞呈黑点状分布在每个后翅上。雌性的翅脉间距更宽，翅膀的颜色呈稍暗淡的橙色。其交配活动能持续超过 15 个小时，结束后雌性能立即产卵。成年阶段的黑脉金斑蝶主要以花蜜为食，并从花蜜中吸收 20% 的糖分。

5~7 周
成虫的平均寿命。具体的寿命长度取决于环境因素。

成年生活
黑脉金斑蝶成年后会开始繁殖行为，通过繁殖行为，这一物种才能长久地存在下去。

能够被看到
在蛹期的最后阶段，蛹开始缩小，茧衣开始变得透明，从而能看到在内部转化中的昆虫。

废弃物的排出
即将变为蝴蝶时，它们只以幼虫时期储存在身体中的液体为食，身体中的废弃物则通过分泌一种胎粪液排出。

蝴蝶的形态
成年黑脉金斑蝶的翅膀和足发育自不发达的角质层组织，其主要成分为几丁质。其他器官则由再生细胞保持或重构。

3 种激素
有3种激素参与了变态过程。

4 成虫
成虫（蝴蝶）努力从蛹体的角质层中爬出时，它们会头朝上悬挂，促使体内的淋巴液流向翅膀，使翅膀舒展，展开至最终的大小。

蜜蜂和蚂蚁

门：节肢动物门
纲：昆虫纲
目：膜翅目
科：18.3 万
种：20 万

蜜蜂、大黄蜂、黄蜂以及蚂蚁都是隶属于膜翅目的昆虫。它们都具有不同形状的触角，身体结构分为三部分并具有纤细的腰部。它们都具有 2 对膜翅（蚂蚁则只有具有生育能力的蚁后和雄蚁才有翅膀），后翅偏小。它们都具有社会属性，已知的蜜蜂和蚂蚁的种类已达到 20 万种。

Vespula vulgaris
普通黄胡蜂

体长：12~20 毫米
栖息地：陆地
分布范围：欧亚大陆、北美洲

它们体积很小，非常好斗。它们的食物范围涵盖各种各样的昆虫。黄胡蜂的巢穴建在地面上，比如哺乳动物放弃的洞穴或者空旷、通风良好的地方。它们的巢穴中能容纳多达 1 万只黄胡蜂。蜂王由工蜂照顾，它只专注于繁殖后代。工蜂用一种咀嚼后的昆虫的分泌物喂养幼虫。每一年冬季过后，蜂王就会开发一个新的巢穴，旧巢不再启用。普通黄胡蜂可以通过气味辨认入侵者，进而消灭它们。普通黄胡蜂已经被引入澳大利亚和新西兰，在这两个国家，它们被认为具有严重危害性。

Apis mellifera
西方蜜蜂

体长：10 毫米
栖息地：陆地
分布范围：世界各地

它们原产于欧洲、非洲和亚洲西部，后来被引进到美洲和大洋洲。它们是群居生物，每个蜂群中都有 3 种不同的角色：雄蜂、工蜂和蜂王（雌性）。每一种角色都生活在不同等级的蜂房巢室中。唯一一只有生育能力的蜜蜂就是蜂王，它的卵决定着蜂群的形成和成就。蜂王能存活 3 年左右，工蜂只能存活 2 个月。

工蜂如何履行职能饲养幼虫取决于蜂王信息素的释放。工蜂没有生育能力，它们负责筑巢、清理和维护巢室，饲养幼蜂以及采集食物（花蜜和花粉）。它们的刺上有小钩，一旦刺入受害者体内，其刺就会从蜜蜂的身体上脱落，这会导致蜜蜂在几分钟内死亡。

Bombus terrestris
欧洲熊蜂

体长：15~27 毫米
栖息地：陆地
分布范围：欧洲

欧洲熊蜂身体呈黑色，带有黄色条纹，腹部的末端呈白色。它们是仅有的蜂王能过冬的蜜蜂物种，它们在春天会开始组建新的蜂群。欧洲熊蜂的巢通常坐落于啮齿目动物抛弃的地下洞穴中。蜂王将数量有限的卵产在此处，卵孵化出幼虫后，它就继续进行繁殖，而孵化的工蜂则出巢寻找食物，并帮助喂养新的幼虫。幼虫以花粉和花蜜为食。在夏季，一个欧洲熊蜂的蜂巢能容纳多达 400 只个体。欧洲熊蜂最远可飞离巢13 千米并毫无困难地返回。

Eciton burchellii
鬼针游蚁

体长：3~12 毫米
栖息地：陆地
分布范围：南美洲

鬼针游蚁的颜色为深金色或深褐色。工蚁具有发达的螯针，足部的跗节有小钩，这些结构使鬼针游蚁互相钩挂住，从而形成蚁桥和营地（由鬼针游蚁的身体构筑而成的活的巢穴，蚁王被保护在巢穴内部）。鬼针游蚁的身体大小取决于它们的角色（蚁王、工蚁或兵蚁）。鬼针游蚁有定居的时期（持续 2~3 周），在定居期间蚁群保持静止。移动时蚁群整体行动，将卵驮在背上。

鬼针游蚁生活在雨林中。它们是肉食性动物，用数以千计的蚂蚁个体组成的宽广的阵线进行攻击。它们能攻击无脊椎动物、小型哺乳动物、鸟类的雏鸟、爬行动物以及蛇等。

蚁群
一个蚁群由10 万~200 万只蚂蚁个体组成。

兵蚁阶层
兵蚁的身体特化程度很高，具有长长的镰刀状的颚以及长长的腿。

Formica rufa
红褐林蚁

体长：8~10 毫米
栖息地：陆地
分布范围：欧洲

工蚁呈棕色，头部和尾部为黑色。蚁王体形更长，颜色为黑色。工蚁体形越大，越能到离巢穴更远的地方活动。红林蚁以在巢穴附近找到的无脊椎动物为食，尤其喜欢食用蚜虫。红褐林蚁的巢穴很大，高度能达到 3 米。红褐林蚁的求偶在春天进行。同一物种邻近的群落之间会发生激烈的争斗。

Atta cephalotes
切叶蚁

体长：3~4 毫米
栖息地：陆地
分布范围：南美洲、中美洲

切叶蚁全身呈均匀的红棕色，它们体形很小，却能搬运重量是它们体重 5 倍的物体。一个切叶蚁蚁群能容纳 500 万只蚂蚁和一只蚁王，蚁王的寿命能达到 15 岁。植物残屑堆积，在一定的温度和湿度条件下形成菌类，切叶蚁就以这种菌类为食。兵蚁体形更大，负责保卫工作。

Solenopsis invicta
红火蚁

体长：2 毫米
栖息地：陆地
分布范围：南美洲

红火蚁的胸部和腹部之间有两个突起，这是该物种的特征。红火蚁呈深棕色，体形非常小，但移动的速度非常快。如果它们的蚁穴被水淹没，红火蚁能够在水面上漂浮，并把蚁王置于这个活体蚁穴的内部。在干旱时期，红火蚁能够在潜水层下面挖出隧道。蚁王在深达 2 米的地下穴居。

Polyergus breviceps
亚马孙蚁

体长：5~6 毫米
栖息地：陆地
分布范围：北美洲

亚马孙蚁是一种依赖其他蚂蚁生活的社会性寄生蚁。蚁王和工蚁没有能力照料它们自己的蛹，它们只有利用其他蚂蚁才能生存下去。一只蚁王能侵入一个蚁穴，在对方的蚁群中建立它自己种族的蚁群，杀掉对方的蚁王，并通过化学手段使蚁穴中剩下的蚂蚁臣服，从而将它视为蚁王。

苍蝇及其他

| 门: 节肢动物门 |
| 纲: 昆虫纲 |
| 目: 双翅目 |
| 科: 约150 |
| 种: 约15万 |

双翅目昆虫是仅有的只拥有 2 个膜翅的昆虫，它们的后翅已经简化为控制飞行方向的平衡棒。它们的变态过程很复杂，包括 3~4 个幼虫阶段，1 个蛹期，最后才是成虫。双翅目最为人们所熟知的成员有苍蝇、蚊子以及虻。

Aedes aegypti
埃及斑蚊

体长: 4~8 毫米
栖息地: 陆地
分布范围: 非洲，并被引进到南半球的热带和亚热带地区

埃及斑蚊腿的背面有白色条纹，胸部有里拉琴形状的银色鳞片。整个白天时段它们都很活跃，但它们主要在清晨和黄昏进食。只有雌性的埃及斑蚊才以血液为食，它们通过蜇咬其他动物获得血液，因而也成为动物传染疾病（例如登革热和黄热病）的传播媒介。叮咬时，雌蚊会注入感染了病毒的唾液。它们能够从血液中提炼一种含有异亮氨酸的蛋白质，并通过这种蛋白质促进虫卵的成熟。雌蚊每 4~5 天就会产下 10~100 枚卵，它们通常把卵产在炎热、黑暗、水流停滞的地方，卵在这种环境中经历变态过程，度过幼虫阶段和蛹期。埃及斑蚊只有在气温在 16 摄氏度以上的环境中才能保持正常活动。

Sarcophaga carnaria
肉蝇

体长: 13 毫米
栖息地: 陆地
分布范围: 世界各地

肉蝇的胸部和腹部覆盖着许多毛。它们的背部呈灰色，眼睛又大又红。它们在飞行中会发出一种很有特点的嗡嗡声。当它们觉得有危险时，会做出要叮咬攻击的样子，但实际上它们没有能力进行叮咬。它们以吮吸花粉及其他有机物质而获得的成分为食，甚至是腐烂中的物质也可以成为它们的食物。腐烂物质上的细菌能附着在肉蝇的腿上，使得肉蝇成为大量疾病传染的媒介。雌蝇将卵产在动物的伤口或腐烂的动物尸体上。

Musca domestica
家蝇

体长: 5~8 毫米
栖息地: 陆地
分布范围: 世界各地

家蝇是最常见的双翅目昆虫，它们可见于世界各地，在各种气候环境中广泛分布。它们身上覆盖着毛，其外形的一大特点是灰色的胸部间或分布着 4 条黑色纵向条纹。其下腹部呈黄色。

家蝇具有性别二态性，雌性体形较大，两眼之间的间距也比雄性的大。它们喜欢食用富含糖分的食物或者腐烂的植物、动物尸体等有机物质。

家蝇能飞行 5 千米的距离去寻找食物。根据不同的气温，雌性家蝇在交配后的 2~9 天产卵。雌蝇将卵产在腐烂的有机物质上，每次能产 8000 枚左右的卵。卵在产下一天后转变为幼虫，幼虫食用周边腐烂的物质。在蛹的阶段，家蝇不进食，身体形态会发生巨大变化，直至转化为成虫。变态过程大约需要 10 天，家蝇的平均寿命为一个半月。

家蝇的纪录

家蝇的飞行速度能达到 8 千米/时。其活动半径能达到 100~150 米，具体的半径取决于可支配的食物的数量。

| 门：节肢动物门 |
| 纲：昆虫纲 |
| 目：虱目 |
| 科：17 |
| 种：3250 |

虱子

虱子是对寄主具有特异性的体外寄生虫，它们没有翅膀，但是它们腿部的跗节具有小钩以便于紧紧抓住寄主。此外，它们还具有刺吸式口器（虱类）或咀嚼式口器。其变态过程是不完整的。

Pediculus humanus

头虱

体长：2.4~6 毫米
栖息地：寄主
分布范围：世界各地

头虱具有性别二态性。雄性体形较大，腹部最后一个体节的背侧具有一个形状为两根刺的生殖结构。雌性具有一对附属腺体，能分泌一种黏液，用于将卵子和虮子黏附在寄主的毛发上。头虱具有由 5 个关节组成的对趾足，最后一个关节称为跗节，其末端是健壮的钩状爪，爪扣锁在前一个关节的凸起上，形成一个用于捕捉的环状结构。这种形态上的调整使头虱能牢牢抓紧寄主的毛发，即使寄主正在活动它们也不会掉落。头虱的触角很敏感，它们以寄主的血液为营养来源，并需要依靠人体的热量生存。

Felicola subrostratus

猫虱

体长：1.2~3 毫米
栖息地：寄主
分布范围：世界各地

这是存在于家猫身上的一种特定的寄生虫。它们具有螯状咀嚼式口器，以寄主的碎毛发、表皮鳞片和皮肤分泌物为食，不吸血。它们的足很短，上面有两根刺，形成一个捕捉用的环扣，从而能抓牢寄主身上的毛发。猫虱的眼睛退化或者缺失，雌性能分泌一种黏液，用于将虱子卵粘到猫的皮毛上。它们的变态过程是不完全的，若虫的形态和成虫相同。

| 门：节肢动物门 |
| 纲：昆虫纲 |
| 目：蜚蠊目 |
| 科：6 |
| 种：约4500 |

蟑螂

蟑螂具有复眼、咀嚼式口器、丝状触角以及革质的前翅。它们能适应不同的环境条件，但是比较偏爱潮湿温热的生存环境。

Periplaneta americana

美洲家蠊

体长：2.8~5 厘米
栖息地：陆地
分布范围：非洲的热带地区，被引进到世界各地

美洲家蠊是常见的蟑螂物种中体形最大的一种。成年美洲家蠊有翅膀，颜色呈红褐色，胸部背面颜色稍浅。它们的若虫在最初的几个阶段颜色为淡灰色，随着一次一次的蜕皮，逐渐变为咖啡色。美洲家蠊生活在炎热潮湿的地区，昼伏夜出，白天就躲在暗处或树上。它们的饮食很随机，是杂食性动物。它们移动迅速，能够借助热气流进行滑翔。

Gromphadorhina portentosa

马达加斯加发声蟑螂

体长：5~7.6 厘米
栖息地：陆地
分布范围：马达加斯加

马达加斯加发声蟑螂是非洲马达加斯加岛所特有的物种，生活在腐烂的树干上。雄性的体形较大，在其胸部前端拥有一对粗大、多毛的触角，它们在同其他蟑螂打斗时会使用这对触角。雌性直到所有的卵都孵化后才会让卵囊从身上脱离。马达加斯加发声蟑螂以从植物上获取的有机物为食。它们能发出一种很特别的嘘声。这种特殊的声音是通过将气体压向腹部的气孔发出的。雄性蟑螂通常会在打斗中发出尖厉而集中的鸣声，以便吓退对手，以此决出胜负。

缺失
它们是少数无翅蟑螂的物种之一。

蝉、蝽象及其他

门：节肢动物门
亚门：六足亚门
纲：昆虫纲
亚纲：有翅亚纲
目：2

　　半翅目昆虫的变态过程是渐进的，它们具有带孔的刺吸式口器。异翅亚目的昆虫（蝽象和骚扰锥蝽）第一对翅膀基部硬化，其余部分为膜状；第二对翅膀是膜翅。而蝉以及蚜虫是草食性昆虫，其两对翅膀都为膜翅。

Cimex lectularius
床虱

体长：0.2~0.5 厘米
栖息地：陆地
分布范围：世界各地

　　床虱已经极好地适应了人类环境：它们生活在床垫、椅子等各种家具上。尽管床虱不是夜行性生物，但是它们的主要活动时间都在夜间开展。其若虫呈半透明的浅色，随着每一次蜕皮，它们的颜色会渐渐变深，直至成年。成年床虱的颜色介于红色和棕色之间，其形态为扁扁的卵圆形，没有翅膀。

　　床虱是食血的，它们用口器上的一对中空的管刺穿皮肤，用其中一根管抽出血液，用另一根管将自己的唾液输入，它们的唾液含有抗凝血剂和麻醉剂。雌性一日内最多能产 5 枚卵。卵在 1~2 周后孵化。若虫孵出后立即开始进食，经过由蜕皮分隔的 5 个不同的若虫阶段后，它们变为成虫。

Triatoma infestans
骚扰锥蝽

体长：0.5~2 厘米
栖息地：陆地
分布范围：南美洲

　　这是一种夜间活动、靠吸血为食的生物，骚扰锥蝽是传播美洲锥虫病的媒介。在叮咬并吸血后，它们的肠道会膨胀，促使它们进行排泄，其体内的寄生虫——美洲锥虫（*Trypanosoma cruzi*）也会一并排出，进入到受害者的皮肤内。人抓挠被叮咬的部位时，能将寄生虫移植。骚扰锥蝽的颜色为褐色，身上有横向条纹，头部细长，身体扁平，其足基部为黄色。它们拥有 1 对球形的突出的复眼和 1 对眼点。它们的卵为白色，直径可达 2~3 毫米。

Fulgora laternaria
南美提灯虫

体长：8~9 厘米
栖息地：陆地
分布范围：拉丁美洲

　　它们的头部有一个花生形状的凸起，身体细长，呈黄色、棕色、橙色、褐色和灰色，后翅上伴有几个巨大的假眼斑点。这样的色彩只在它们活着的时候存在，一旦它们死亡，这些颜色会变得昏暗，几乎不能区分。它们的前翅展开能宽达 15 厘米。当它们受到攻击时，会释放出一种带有恶臭的气体进行自卫。有时候，南美提灯虫会用它们巨大的头部敲击树干，但尚未明确它们这种行为的原因。它们以植物的汁液为食。

防御
它们身体的形状和颜色能对其敌人起到威慑作用。

头部
头部的长度能达到 2~3 厘米。

Acanthosoma haemorrhoidalis
原同蝽

体长：8~10 毫米
栖息地：陆地
分布范围：欧洲

原同蝽的鞘翅和颈部盾片的边缘呈血红色。身体其余部分为绿色调，伴有深色斑点，其中腹部的斑点为红色。它们具有刺吸式口器，以植物为食，对部分作物来说是害虫。它们偏爱食用红山楂的果实（有时也吃它们的叶子），但是在白山楂的植株上也能发现它们的踪影。

原同蝽头部较短，头部的两侧有 1 对复眼，上面有黄黑条纹穿过。它们的触角分节很少。它们的翅膀折叠放置在身体上，和其身体平行。在原同蝽的发育过程中，需经历 5 个不同的若虫阶段后才会成熟。它们多生活在树林或植被充足的地带。

冬眠
冬眠后的成虫颜色会变深。

步足
每一只步足都由两节组成。

Pyrrhocoris apterus
无翅红蝽

体长：0.5~1.5 厘米
栖息地：陆地
分布范围：欧洲和亚洲

无翅红蝽的身体呈现浓烈的红色和黑色。雌性比雄性体形大。其完整的生命周期为 2~3 个月。产卵后 7~10 天卵就会孵化。环境条件尤其是气温会影响无翅红蝽的体形大小、产卵量和寿命。它们通常由几十只至几百只无翅红蝽组成群体一起生活。

Palomena prasina
红尾碧蝽

体长：1~1.5 厘米
栖息地：陆地
分布范围：世界各地

红尾碧蝽的身体是绿色的，带有黑色的斑点；它们的腹部和足部是玫瑰色的；触角是绿色的，顶端泛红。在红尾碧蝽的一生中，它们的颜色会越变越深。成虫能够度过冬天，并在春天产卵。幼虫生活在禾本科植物上，它们需要经过 5 个不同的若虫阶段才能成熟。成年后它们会移居到树木上。

Aphis nerii
夹竹桃蚜

体长：0.1~0.3 厘米
栖息地：陆地
分布范围：世界各地

夹竹桃蚜的身体很柔软，呈梨形，足部长而纤细，身体颜色为黄色。它们具有 1 对腹管，这是一种圆锥形结构，顶端有孔，位于腹部的后部。夹竹桃蚜的繁殖方式为有性生殖的孤雌生殖，繁殖基本上在其进食的同一颗植株上进行。它们是草食性动物，口器为刺吸式口器，它们借助这种口器吸食植物的汁液。雌性蚜虫通常比雄性大。它们以群居的方式生活。

Notonecta glauca
绒盾大仰蝽

体长：1~2 厘米
栖息地：淡水
分布范围：欧洲

绒盾大仰蝽的颜色通常为棕色和绿色，身体背侧突起，腹侧扁平而细长。它们游泳时背侧朝下，用后腿在水中划动，其后腿上也生有毛发，使移动更容易。绒盾大仰蝽以其他昆虫、小鱼和蝌蚪为食，它们生活在湖泊、池塘和泳池中。它们很善于飞行，能够迁徙，从而寻找更合适的栖息地。

于欺骗中生存

一片长着头、脚和翅膀的叶子可能并不是看上去的那个样子。在与自然界的斗争中，昆虫进化出了捕获猎物和躲避攻击者的不同策略，使用的技巧包括伪装，还有更复杂的，如个体形态和颜色模仿植物、动物甚至是物体等。

19世纪中叶，亚马孙河谷的心脏地带还基本未被科学家们探索。除了大型物种，其他每种被发现的植物、动物和昆虫对于科学界都可能是全新的物种。这样的情况对英国自然学家、探险家亨利·沃尔特·贝茨深具吸引力，他来到南美洲，一待就是11年。在这里他收集了1.4万多种昆虫，并对蝴蝶进行了专门的研究。贝茨对黑脉金斑蝶非常了解，这种蝴蝶的幼虫以聚集在西番莲周围的有毒攀缘藤叶为食，消化树叶后毒素进入幼虫体内，产生了令人生厌的气味和口味，使得鸟类都避而远之，不去捕食。但引起贝茨兴趣的是另外一种蝴蝶——副王蛱蝶，它们和黑脉金斑蝶有着相同的颜色和外观，乍一看还以为同属一类，不同的是副王蛱蝶不含毒素，完全可以成为鸟类的食物，但鸟类也没法分清有毒的黑脉金斑蝶和副王蛱蝶，这样没毒的副王蛱蝶也躲过了掠食者的攻击。该发现及后续研究后来被提出自然选择论的达尔文高度评价，为纪念其发现者，将其命名为贝茨拟态。

拟态是一个物种为欺骗或警告其掠食者而模仿另一物种的现象。在亚马孙生态系统中的这项发现中，模仿因攻击者的失败而获益，虽然被模仿的物种——被拟者可能因掠食者不清楚颜色和有毒之间的关系而受到伤害。在贝茨发现拟态的几十年后，德国动物学家缪勒发现了另一种令人惊奇的联系：当同一地区存在两种不同种类的有毒且不可食的蝴蝶时，其颜色和形态会彼此类似，此时两种蝴蝶平均分担了因被误食和试食造成的损失。

模仿有时候会跨越物种所在的科而延伸到其他动物。如一种臭虫——蝽，在其幼虫阶段有着蚂蚁的样子，这样的模仿使得幼虫可以混迹于蚁群中而获得蚁群的保护从而受益。

双头
蚕在其尾端有一个假的头部，这使得其能更快反应并用未受攻击的一侧的刺攻击敌人。

▼ 伪装背后

昆虫和外界的任何反差都会引起掠食者的注意。有时候动物用醒目的颜色来提醒掠食者面对的是有毒物种，但有时动物却更倾向于将自己混淆于环境之中，就像指长螽斯一样（图1），模仿着树干上的苔藓。迷彩螽斯（图2）很难同一片树叶区分开。昆虫在拟态中也会模仿其他器官的样子，比如某些蝴蝶及其幼虫的假眼（图3）。

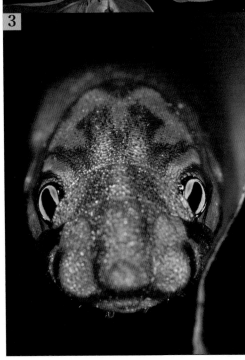

▶ 奇效
这只蜡蝉的颜色让它可以隐蔽在树干之上，当树干不足以隐蔽时，它会快速地展开翅膀展示出两只巨大的假眼。

　　最简单的隐藏方式就是保持不动。当动物的身体展示出和所处环境一样的颜色和形状时，隐蔽就变得更加有效。当这种技巧同拟态结合到一起，就可能得到令人惊讶的结果。比如叶䗛（*Phyllium bioculatum*），就像其名字一样，不需过多描述就能知道它们的样子，其身体像一片被部分啃食过的树叶。它们的很多同种生物，我们叫作"竹节虫"，则伪装成干树枝、木条或是树皮来隐蔽自己。同样的道理，枯叶蛱蝶（*Kallima inachus*）也将自己同一片枯叶混淆，它们是如此相似，甚至连叶脉、孔洞和叶片结构的缺漏都展示出来。

　　拟态的一个典型现象就是动物身体的一部分模仿另一种动物的身体。某些蝴蝶和蛾子翅膀上的假眼就是例子，当掠食者忽然看到这些色斑时可能会被吓一跳。有些斑点位于翅膀的尖端，这可以迷惑掠食者，让其分不清头部所在的位置从而放弃攻击。在拟态动物中最令人称奇的是宽铃钩蛾（*Macrocilix maia*），它们的翅膀中心部分像一块鸟类的粪便，两侧有两个类似苍蝇的复杂斑点。物竞天择，这位"大艺术家"甚至能模仿出污渍的细纹、光泽及苍蝇的身体结构；如果这些还不够，该物种还会释放出难闻的气味，让鸟类无论是从视觉上还是嗅觉上都避而远之。

　　上百万年的自然进化和选择赋予了昆虫灵活多变而引人注目的伪装形式。这样的进化只有一个目的——生存。

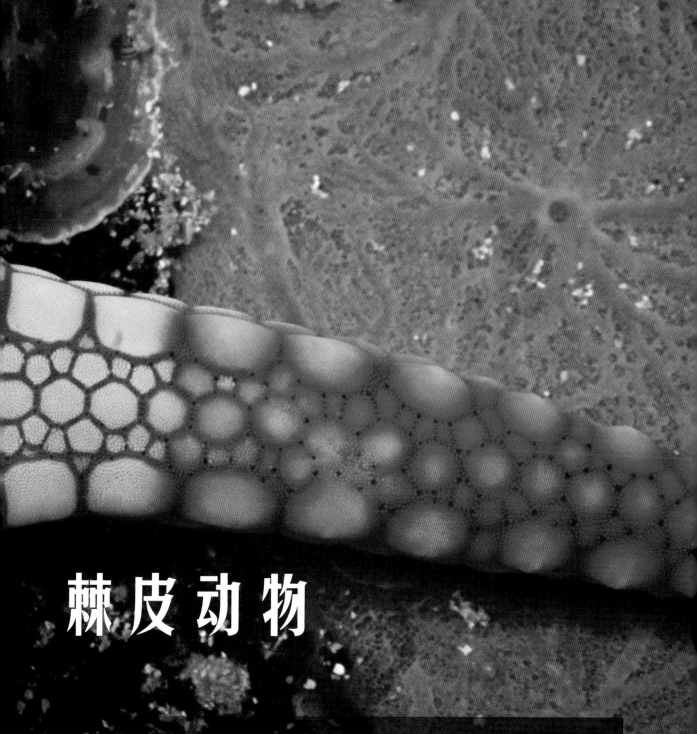

棘皮动物

棘皮动物是只存在于海洋的无脊椎动物，这个种群包括海星、海胆和海参。它们的身体表面覆盖着钙质骨板，大多表现为棘刺，所以叫棘皮动物。它们要么固定不动，要么移动非常缓慢，生活在各大海洋中。

一般特征

　　棘皮动物的幼体是两侧对称的，但是其成体呈现出五辐射对称的结构，由从中央盘衍生出的相同的五部分构成。它们并没有明确的头部，也就是说组成身体的这五部分是相同的，并不能把其中哪一部分看作头部。它们的骨骼结构很特别，由筛板与钙化骨片组成。其内部的水管系统和充满液体的坛囊为它们提供移动的动力，并且移动得非常缓慢。大多数棘皮动物都是营自由生活，也有一些喜欢把自己固定在基质上。在各大海洋的底部以及不同的深度都能发现它们的身影。

门：棘皮动物	
亚门：2	
纲：5	
种：约7000	

独特的系统

　　水管系统是棘皮动物的一大特色。水管系统由管道和充满液体的体腔上皮组成，它们的功能多种多样。整个水管系统通过筛板与外界相通，液体从筛板经过石管流向口边的环水管，继而沿着每个腕中的辐水管进入坛囊。坛囊是肌肉组织，在体腔内，是管足用类似于液压系统的运作穿过骨板进入体腔中形成的。它们的主要功能就是使身体移动。棘皮动物的移动原理是这样的：坛囊上长有缩肌，当肌肉收缩则压迫液体流入管足，造成管足的加宽与延伸。管足用吸盘吸附，并分泌一种黏性物质来附着在基底上。随后管足收缩，随着管足的长度缩短，身体向基底靠近。管足向一个方向协调运动，为棘皮动物的移动提供了动力。

　　此外，水管系统也参与渗透调节，并有助于管足内的气体交换。水管系统的内部液体含有蛋白质和细胞，其成分与海水类似。

内骨骼

　　和大多数脊椎动物不同，棘皮类动物是靠其内部结构支撑自己的身体的。这个内部结构包括筛板以及嵌在真皮中的骨板。对于不同种类的棘皮动物，它们的内部结构的组成和生长都是不同的。蛇尾、海星、海百合的骨骼是拼接在一起的，但海胆的骨骼是融合在一起的，非常坚硬且牢固。海参与它们都不

多样性

海百合
它们是最原始的种类。中央盘和腕的根部形成了冠。

骨骼
棘皮动物的骨骼由真皮碳酸钙骨板构成，有些情况下，也有移动的刺和突起。

海星
有5只（或5的倍数）从底盘长出来的腕。它们的口位于底盘中央，方向与基底方向相反。

海胆
它们的身体是球形的，骨板融合在一起。它们的身体表面布满了刺。

蛇尾
它们的腕很长，与基底界线分明。口位于腹部。可以快速移动。

海参
它们有细长的身体，触手长在口腔里。它们的骨架已经退化成骨针。

对称结构

我们把棘皮动物的对称结构称为五辐射对称，这种结构在海星和蛇尾身上表现得尤为明显。海胆的外壳也同样体现了这样的特点。但是从海参身上很难找到五辐射对称的特点。海参的身体细长，其结构为三级左右对称。

肛门
棘皮动物的肛门位于身体中央，在底盘的背面。其一侧是筛板。

腕
虽然大多数海星有5条腕，但有些种类的海星，如被称为太阳海星的，有多达20条腕。

胃
食管

表皮
棘皮动物的表皮是体壁的最外层。表皮之下是真皮和钙质板。

刺
棘皮动物的刺分布在它们的整个表面上，并构成一个防御机制。

飞白枫海星
Archaster typicus

口
海星、蛇尾、海胆的口生长在口面上，也就是与基底连接的那一面。海百合的口面是向上的。海参的口位于身体前部。

同。海参的骨骼为分散的小骨片，跟肌肉融合在一起，而且非常发达。大多数种类的棘皮动物都有突起的骨骼，在体表呈小块突起或棘刺状，有的是固定的，有的是可以移动的，基本都是布满体表。这种结构在海胆身上体现得最为明显，它们为海胆筑了抵抗天敌及其他外界危险的主要防线。

繁殖与再生

棘皮动物的繁殖为有性繁殖，它们是体外受精，通过释放卵子和精子入海而进行繁殖。产出的最初的幼虫是自由生活的，身体呈两侧对称结构。幼虫个体被产出之后，就会把自己固定在基底上，身体不断长大，也逐步拥有成体的各项特征。棘皮动物中的很多种类都拥有再生身体某一部分的能力。如果它们在被捕食者攻击的过程中失去了一只腕，一段时间后，会再长出新的腕。只要留下的部分包含整个体盘的至少1/5，它们甚至可以从一个腕再生出身体的其他部分。

饮食

棘皮动物的食物多种多样，有些是滤食性的，有些是草食性的，还有的是肉食性的。海星是肉食性动物，吃蛤蜊、珊瑚和其他固定在底盘上的生物，甚至腐肉。它们用腕和管足捕捉食物，把胃对准食物，并且释放消化酶进行初次消化。大多数海胆用被称作"亚里士多德提灯"的咀嚼器官食用海藻。海参以泥巴中的有机物碎屑为食。海百合用管足困住浮游生物，然后将其吞掉。

肉食类
尽管海星的动作缓慢，但是它们非常喜爱捕食蛤蜊以及其他贝类。

草食类
海胆以藻类为食，它们把岩石上的藻类刮下来，并用非常复杂的咀嚼结构进行消化。

海胆与海参

门：棘皮动物门	
纲：2	
亚纲：5	
目：12	
种：约2000	

海胆与海参生活在海底。它们没有腕，一般都是垂直生长的。移动非常缓慢，体表长满了刺。海胆的刺又长又硬，上面有关节，分布于全身，呈球形放射性分布。海参的身体很柔软，通过移动五排刺中的三排进行移动。

Parastichopus californicus
美国红参

体长：40 厘米
栖息地：海洋
分布范围：太平洋东北部

美国红参的宽度可以超过 5 厘米。它们的背部是红棕色或彩色的，腹部是淡黄色的。用来移动的足呈管状。它们的口位于由底盘延伸出来的触手顶端，用于捕食。它们以海底的有机物碎渣为食。它们生活在沿海地区，有时也会停留在表面上。它们的移动非常缓慢，但如果它们觉得受到了威胁，也可以横向波状游动。

防御
弹出内脏器官，粘住敌人。

身体
肌肉非常发达，有小型骨针。

Asthenosoma varium
火海胆

直径：25 厘米
栖息地：海洋
分布范围：印度洋、太平洋西部

火海胆栖息于热带地区的珊瑚礁、海湾、沿海潟湖和沙地或碎石的深处。它们用从基底延伸出来的管足的刺移动，并且移动非常缓慢。虽然它们体形很大，但是非常灵活，可以轻松地进入狭小的裂缝和孔洞。它们的体表布满了有毒的短刺，如果不小心被刺扎到，会感到巨大的疼痛，甚至造成麻痹和瘫痪。

共生关系
火海胆浑身的刺能够为科尔曼虾和斑马蟹提供栖身之处。

长刺
口腔半球的刺是用来支撑身体的，生长得很发达。

Echinus esculentus
普通海胆

直径：10~17 厘米
栖息地：海洋
分布范围：大西洋东北部

普通海胆的身体是球形的，体表布满了用来防御和运动的可移动的刺。它们有一个石灰质的内骨骼，这赋予了它们坚硬的外形，并且没有肌肉。它们的体表呈粉红色，成年体表面布满了刺，这些刺相对较短且长度相同。身体呈五辐射对称，如果把它们身上的刺去掉，就可以发现 5 个辐射对称的、类似于海星触手的细长区域，这 5 个细长区域包含在 5 个更宽的间步带区域里。每个部分都从底部延伸到顶部。底部长着口，顶部长着肛门、生殖孔和生殖器开口。它们生活在潮下带浅水区的硬基质表面。它们以藻类和其他动物，如软体动物和海绵动物为食。

海星

门：	**棘皮动物门**
纲：	**海星纲**
目：	**7**
科：	**约38**
种：	**约1500**

海星成体多为五辐射对称（有 5 条腕），但也有例外。它们的口位于基底下侧中部，与腕腹部共同构成口面。每条腕的中部都有步带沟，从沟中伸出细小的管状附属物，称为管足。它们的表皮下有钙质骨片和肌肉层，可使腕足活动。

Asterias rubens
波罗的海海星

直径：30~50 厘米
栖息地：海洋
分布范围：大西洋北部海岸

波罗的海海星的体形十分巨大，腕足为半管状，腕的末端为圆形罗马尖，上面覆盖着细小的钙质刺，表面很粗糙。每条腕的末端都有单眼，用来探测光线的强与弱。它们用管足移动，来寻找食物以及躲避捕食者。每当遇到大浪时，它们都会紧贴在石头上，摊平身体，来抵抗海浪的猛烈冲击。

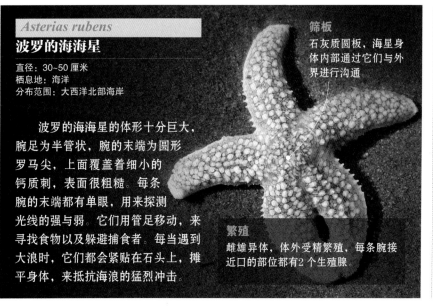

筛板
石灰质圆板，海星身体内部通过它们与外界进行沟通

繁殖
雌雄异体，体外受精繁殖，每条腕接近口的部位都有2个生殖腺。

Choriaster granulatus
粒皮瘤海星

直径：20~30 厘米
栖息地：海洋
分布范围：印度洋、太平洋西部

粒皮瘤海星的身体是粉红色的，中部长有褐色的小丘疹。它们生活在热带浅水海域，以腐烂的有机物为食，如有机残渣和动物尸体以及海藻和小型节肢动物。

Fromia monilis
珠海星

直径：10 厘米
栖息地：海洋
分布范围：印度洋、太平洋西部

珠海星的身体是橙色的，有鲜艳而清晰的骨板。它们的外部身体更加突出，相比之下，背板显得更小、更平坦。它们的体形中等，喜静，饮食均衡。它们栖息在热带水域的珊瑚礁、潟湖或海岸边。

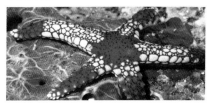

Acanthaster planci
棘冠海星

直径：50~60 厘米
栖息地：海洋
分布范围：印度洋—太平洋热带海域

棘冠海星的体形巨大，身体呈紫色、红色或灰绿色，在自己的领地里独居。它们有 11~20 条腕。它们的身体被刺覆盖着，如果被扎到会引起肿胀与疼痛。主要以珊瑚为食，并在进食后留下珊瑚的空壳。它们具有外部消化系统，把食物弄成团后，通过胃部的外突部分（由内向外的）吸入胃里。

刺
它们的刺上有用来保护其免受天敌威胁的有毒物质。

美丽而危险

▲ **毒刺**
它们的刺色彩鲜艳，这表明刺有毒，会引起人类的发炎和呕吐。它们中最大的海星，带毒刺的腕最多可达19条。

▼ **珊瑚的噩梦**
当海星感应到附近有珊瑚时，就会攀住它们，并把它们包裹住，伸出胃，在体外消化珊瑚虫的软组织。等消化完了，珊瑚就只剩下白色的骨骼了。

▶ **特殊的危害**
人类活动使海星的天敌减少，海星泛滥，导致澳大利亚大堡礁超过300千米的范围以及日本的一些岛屿遭到破坏。为了减轻海星的危害，人类在小范围内采取了药物注射死亡以及潜水员人工清除等方法。其中最有效的方法是化学方法，这可以防止生态系统中的营养素被破坏。

棘冠海星以其鲜艳的颜色和刺而著名。它们以珊瑚礁为食，因此数量过多的海星对珊瑚礁的存续造成了很大威胁，使其面临消失的危险。虽然其数量飞速增长的原因尚未确定，但科学家们指出，人类活动是其原因之一，比如收藏家们对其天敌大蜗牛（红法螺）的捕捉以及化学物品对海洋环境的污染。为防止海星数量继续膨胀，人类活动需要受到限制。

半索动物和
无脊椎的脊索动物

这一物种包含从大型捕食者到以浮游生物为食的小型生物，囊括多种多样的后口动物的类群。半索动物为蠕虫状滤食生物，从咽部伸出一条短盲管作为身体支撑，这条短盲管与脊索动物的脊索属非同源器官。

什么是脊索动物

除脊椎动物外，脊索动物门还包括两类无脊椎动物：尾索动物和头索动物。尽管外观不尽相同，但在它们生长史的某一时期都会呈现相同的身体特征：脊索、中空的背神经管、咽鳃裂和肛后尾。脊椎动物的这些特征仅存在于胚胎期，随后即退化消失，而某些特征尾索动物和头索动物到了成体期依然存在。

门：脊索动物门	
亚门：3	
目：12	
种：约5万	

共同特征

所有物种在胚胎和后胚胎期都要经历若干次蜕变，一直长到成体的外形和大小为止。在长出新器官的同时，原来的器官有的退化消失，有的经过变态转

海洋居民
这只生活在太平洋中的海鞘（海鞘纲）因被囊鲜艳的颜色而格外引人注目。

化，开始具备新的功能。脊索动物的这些基本特征的一个特点就是，虽然眼下这些特征它们统统具备，但这种状态不是一成不变的，甚至在它们的整个生长史中会发生多次变化，需要时时观察。

首先，具有脊索是这一类群的显著特征。脊索是一条圆口棒状结构，对幼虫或成体的躯干起支撑作用。有弹性，多位于背部。

其次，背神经管，是位于消化系统背面的中空管状结构，胚胎期后发育成神经系统。这一特征将它们与那些神经位于腹侧的无脊椎动物相区分。

再次，在个体发育的某一时期，咽部会出现裂孔，叫作咽鳃裂。这一特征使它们能够过滤进入其消化系统的水以获取氧气。

最后，脊索动物都有一条肌质的肛后尾，基本功能在于协助运动。

尾索动物：一般特征和特殊特征

尾索动物亚门包含约 3000 个海生物种，因身体表面披有一层起保护作用的囊包，所以也被称为被囊动物。身上有两个开口，水从入水口进入，经鳃裂（成体期保留，用于滤水）过滤后，从出水口排出。大部分尾索动物类群在幼虫期都具备脊索、背神经管和肛后尾，营自由生活。变态后这些器官退化消失，幼虫沉入海底营固着生活，最终变态发育为成体。

尾索动物也有许多特殊特征。它们是动物界唯一体内含纤维素和钒元素

基本构造

一切脊索动物，都会在个体发育的某一时期，具备脊索、神经管和鳃裂。构造与此平面图最为相近的是文昌鱼。这是一种小型海生生物，体长一般不超过6厘米，通体透明。口笠周围环生触须，用于摄食。其背神经管、起支撑作用的脊索、滤食的咽鳃裂和肌质运动器官肛后尾终生存在。

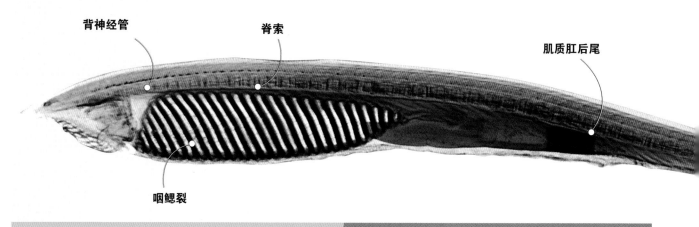

背神经管 **脊索** **肌质肛后尾**

咽鳃裂

的物种。纤维素是植物细胞中十分常见的成分，而这种物质同样存在于尾索动物的被囊中。钒是海洋中的稀缺元素，但在一些尾索动物的血细胞中却被发现含有高浓度的钒元素。另外，尾索动物具有可逆式血液循环系统，也就是说，它们能够改变血液流动的方向，这种独特的血液循环方式在动物界中是绝无仅有的。

多样性

尾索动物中，各类群的生活方式大不相同。有些与寄居在其组织中的单细胞生物共生，有些则能散发生物光。大部分尾索动物属于海鞘纲，营固着独居或群居生活，附着在岩石表面，两个开口朝上。

与海鞘纲动物不同，樽鞘纲动物营浮游生活。两开口分别位于头尾两端，通过两开口间相互作用，推动身体运动。它们可以形成几米长的浮游群落。

第三类，尾海鞘纲，均系浮游生物，身体包裹在一层胶质被囊中。

头索动物

属头索动物亚门，现存已知的仅25种，彼此十分相似。成体头索动物具备脊索动物全部特征。体呈鱼形，最大可达8厘米长。底栖生物，广泛分布于热带和温带的浅海海域及大洋中。多生活于沿海地区沙石中，营半穴居生活，身体埋入沙中，仅前端外露，以滤食悬浮生物。

其颜色呈半透明状，表皮闪光，肌节沿躯体成"V"字形排布。大部分时间处于半掩埋状态，游动时，这种肌节能在身体两侧产生助推波，在背鳍、腹鳍和尾鳍的协助下进行运动。

进食时，水流经口入咽，通过咽鳃裂至围鳃腔，然后由腹孔排出体外。口笠前端的触须，能筛出可食用颗粒。

大多研究者认为，头索动物因它们介于海洋无脊椎动物和海洋脊椎动物之间的特殊构造，而尤其引人注目。

头索动物一直被认为是现今尚存的与脊椎动物祖先最相像的物种。

半索动物

半索动物曾被归为脊索动物，不过当人们证实了其背部的管状物并不是真正的脊索时，就单分出了一个半索动物门。均系海产，大部分为滤食生物，分为两个类群。

肠鳃纲动物营独居，形似大毛毛虫，体长可达45厘米。身体分为3个部分：锥吻、短领和细长躯干。穴居深海，常见于岩石下或其掘沙而成的"U"形洞穴中。

羽鳃纲动物营管居群体生活。体形最大的品种长5毫米。其聚居穴为分叉状管道，个体居住于管内。

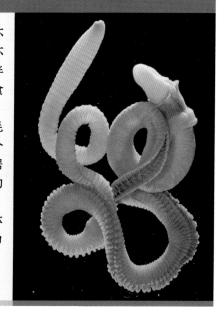

尾索动物和头索动物

门：	脊索动物门
亚门：	尾索动物亚门和
	头索动物亚门
目：	4
种：	约3100

尾索动物有脊索、神经管、肛后尾和内柱（内柱为参与取食过程的器官），系海洋生物，营固着独居或群居。长约几厘米，呈长条状。头索动物虽也为长条状海洋生物，但营自由游泳独居生活，喜穴居。口笠上的触须可以划水。

Branchiostoma lanceoulatum
文昌鱼

体长：5 厘米
栖息地：海洋
分布范围：大西洋、地中海

同鳍类似
在文昌鱼的背部和尾部，有储存营养物质的器官，这些营养物质被用于形成配子。

文昌鱼身体呈半透明淡黄色，可见内脏。生活于半浅海水域，半截下身埋在沙中，仅头部露出沙外。通过划动口笠边的触须，摄食浮游生物。进食时，水流经口入咽，通过咽鳃裂至围鳃腔，然后由腹孔排出体外。雌雄异体，全身附生有 38 对生殖腺，体外受孕。

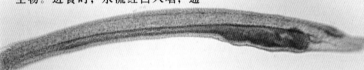

Ascidia mentula
地中海海鞘

体长：10~18 厘米
栖息地：海洋
分布范围：北大西洋

成包藏器官的被囊。被囊内的肌质体壁，控制着括约肌的伸展和收缩及出入水口的开放与闭合。

地中海海鞘营固着生活，生活于200 米深的海底，常附着于岩石和碎沙上，多群居。水流从入水口进入，经咽鳃裂至围鳃腔，最终由出水口排出体外。两开口均朝上并形成一定角度，以免刚排出的废水又被吸入。体壁能分泌一种蛋白质，即被囊素，形

身体柔软
无内骨骼，靠水流产生内压以支撑身体

Ascidiella aspersa
欧洲海鞘

体长：10 厘米
栖息地：海洋
分布范围：北大西洋和太平洋南部

欧洲海鞘生活在深至 100 米的静水中，附着在岩石、贝类或船体等硬质基底上。在保持个体独立性的前提下组成群体共同生活。每个个体都有自己的被囊，有一个进水管孔，进水口下方还有一个出水口。水流从这些孔中穿过，输送食物和氧气，并实现气体交换。雌雄同体，生殖细胞经出水孔排至体外，在化学吸引作用下受精繁殖。雄性生殖腺早于雌性达到成熟，所以一般自体受精不会发生。

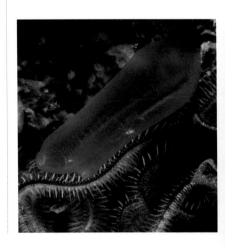

Didemnum molle
绿色壶海鞘

体长：3 厘米
栖息地：海洋
分布范围：印度洋和太平洋海域

绿色壶海鞘生活于水深不足 20 米的浅水和静水区域，常附着在珊瑚表面。看似孑然一身，实则为众多个体组成的群落。群落上遍布小进水口，并共用一个大泄殖口。群落有时是单独一个，有时则多个呈花束状排列。形似壶瓮，遂得名壶海鞘。颜色多为白色、橙黄色或浅绿色。泄殖口边缘和内壁由于共生海藻（原绿藻属）的存在而呈深绿色。壶海鞘的群落形成速度极快，并能通过底部的足丝移动位置。

泄殖口
消化过后的浮游生物和腐殖质残渣由此排出。

改变颜色
壶海鞘的颜色一般会随所处深度的不同而发生变化。

Ciona intestinalis
玻璃海鞘

体长：14 厘米
栖息地：海洋
分布范围：遍布全世界

玻璃海鞘常固着生活于坚硬的船体上，躯体呈圆柱状，光滑，色淡黄。出入水口位于口笠周围。雌雄同体，但因雌雄性细胞发育不同步，不会发生自体受精。生殖细胞经出水口排至体外，在化学吸引作用下受精繁殖。受精卵孵化成幼体后会自由活动 10 天左右，然后便会附着在附着物上面，开始发育。

Polycarpa aurata
金黄多果海鞘

体长：10 厘米
栖息地：海洋
分布范围：印度洋和太平洋海域

生活于多岩石的浅水区域，5~6 个个体群居生活，呈白色或黄色。具备极高的无性繁殖能力，能在短时间内占据大片附着物，遮挡住海藻生长所需的光照，封盖住穴居动物（如双壳类软体动物和掘足纲软体动物）的出口，使它们无法出来觅食。

Rhopalaea crassa
蓝钟海鞘

体长：5~10 厘米
栖息地：海洋
分布范围：印度洋和太平洋西部海域

蓝钟海鞘常见于暖海海域 10~200 米深处基质坚硬的珊瑚礁上。身体呈圆筒形，顶端有一个入水口，侧面较低处另有一个出水口，这样就避免了从体腔内排泄出的废水再次进入体内。通体透明，呈绿色或粉红色。固着生物，以洋流中的浮游生物为食。

Clavelina lepadiformis
灯泡海鞘

体长：2 厘米
栖息地：海洋
分布范围：大西洋西部

灯泡海鞘常附着在沿海少光水域的岩石、贝壳、碎沙和珊瑚礁上，多个个体在底部分泌黏性外膜组成群落。通体透明，在出入水口附近有黄色或白色的线条。成体分泌的外膜能生长出新的个体，叫作芽生体。

图书在版编目（CIP）数据

国家地理动物百科全书 . 无脊椎动物 . 节肢动物·棘皮动物·半索动物 / 西班牙 Sol90 出版公司著 ; 冯珣译 . -- 太原 : 山西人民出版社 , 2023.3（2024.5 重印）

ISBN 978-7-203-12506-8

Ⅰ . ①国… Ⅱ . ①西… ②冯… Ⅲ . ①无脊椎动物门—青少年读物 Ⅳ . ① Q95-49

中国版本图书馆 CIP 数据核字 (2022) 第 244675 号

著作权合同登记图字：04-2019-002

国家地理动物百科全书 . 无脊椎动物 . 节肢动物·棘皮动物·半索动物

著　　者：西班牙 Sol90 出版公司
译　　者：冯　珣
责任编辑：傅晓红
复　　审：崔人杰
终　　审：贺　权
装帧设计：吕宜昌

出 版 者：山西出版传媒集团·山西人民出版社
地　　址：太原市建设南路 21 号
邮　　编：030012
发行营销：0351-4922220　4955996　4956039　4922127（传真）
天猫官网：https://sxrmcbs.tmall.com　电话：0351-4922159
E-mail：sxskcb@163.com 发行部
　　　　　sxskcb@126.com 总编室
网　　址：www.sxskcb.com

经 销 者：山西出版传媒集团·山西人民出版社
承 印 厂：天津中印联印务有限公司

开　　本：889mm×1194mm　1/16
印　　张：5
字　　数：217 千字
版　　次：2023 年 3 月　第 1 版
印　　次：2024 年 5 月　第 3 次印刷
书　　号：ISBN 978-7-203-12506-8
定　　价：42.00 元

如有印装质量问题请与本社联系调换